深度学习导论

Introduction to Deep Learning

［美］ 尤金·查尔尼克（Eugene Charniak） 著　沈磊 郑春萍 译

人民邮电出版社

北 京

图书在版编目（CIP）数据

深度学习导论 / （美）尤金·查尔尼克
(Eugene Charniak) 著；沈磊，郑春萍译. -- 北京：
人民邮电出版社，2020.4
（深度学习系列）
ISBN 978-7-115-52991-6

Ⅰ. ①深… Ⅱ. ①尤… ②沈… ③郑… Ⅲ. ①机器学
习 Ⅳ. ①TP181

中国版本图书馆CIP数据核字(2019)第291712号

版权声明

- ♦ 著　　　[美] 尤金·查尔尼克（Eugene Charniak）
  译　　　沈　磊　郑春萍
  责任编辑　王峰松
  责任印制　王　郁　焦志炜
- ♦ 人民邮电出版社出版发行　　北京市丰台区成寿寺路 11 号
  邮编　100164　　电子邮件　315@ptpress.com.cn
  网址　http://www.ptpress.com.cn
  天津翔远印刷有限公司印刷
- ♦ 开本：720×960　1/16
  印张：11.25
  字数：190 千字　　　　　　　　　　2020 年 4 月第 1 版
  印数：1 – 3 500 册　　　　　　　　2020 年 4 月天津第 1 次印刷
  著作权合同登记号　图字：01-2019-1015 号

定价：49.00 元

读者服务热线：**(010)81055410**　印装质量热线：**(010)81055316**
反盗版热线：**(010)81055315**
广告经营许可证：京东工商广登字 20170147 号

内容提要

本书讲述了前馈神经网络、Tensorflow、卷积神经网络、词嵌入与循环神经网络、序列到序列学习、深度强化学习、无监督神经网络模型等深度学习领域的基本概念和技术，通过一系列的编程任务，向读者介绍了热门的人工智能应用，包括计算机视觉和自然语言处理等。

本书要求读者熟悉线性代数、多元微积分、概率论与数理统计知识，另外需要读者了解 Python 编程。

本书编写简明扼要，理论联系实践，每一章都包含习题以及补充阅读的参考文献。本书既可作为高校人工智能课程的教学用书，也可供从业者入门参考。

谨以此书，感恩家人

中文版序

人民邮电出版社邀请我为 Eugene Charniak 的《深度学习导论》中文版作序。坦率地说，我认为自己并非最佳人选，因为虽然我早年做过神经网络相关的工作，但是近年一直从事的是知识图谱研究，已经远离神经网络研究前线十来年了。不过，Charniak 从学术上算是我的"祖父"——他是我在伦斯勒理工学院（RPI）的导师 James Hendler 的导师。从学术传承的角度，梳理一下近三十多年发生的一些事情，倒是我一直想做的事。另外，也许正是因为我现在是"局外人"，也经历过神经网络的上一次低谷，或许可以提供一些其他的观察角度。借这次机会，我认真通读了 Charniak 的书，把我的笔记写在这里，权且作为序。

Eugene Charniak 的学术谱系

Charniak 是布朗大学的教授，生于 1946 年，从 20 世纪 60 年代末起就从事自然语言处理（NLP）有关的研究。人类的语言是一种非常复杂的处理对象，语言处理涉及规则、统计、常识、语言学、知识系统等非常多的领域，Charniak 的学术谱系恰好涵盖了上述领域的方方面面。

在长达半个世纪的研究生涯中，Charniak 曾做出非常多的开创性工作，2011 年美国计算语言学会（ACL）为他颁发了终身成就奖。他最广为人知的是"查尔尼克解析器"（Charniak parser），一个依存文法解析器，相关论文获 2015 年 AAAI 经典论文奖。他是把统计方法运用于自然语言处理的先驱之一，在"概率上下文无关文法"（PCFG）上做了大量有深远影响的工作。此外，他在机器翻译、机器问答、知识表示等问题上也涉猎广泛。

和很多大学教授不同，Charniak 一直保持着亲自动手写程序的习惯。他是一个极为重视通过实践来检验理论的人，所以他的这本书，才能通过简明清晰的代码一步步引导读者接触复杂的概念，而不是把读者淹没在公式推导或者代码接口的细节里。通过实践抓住本质，可能是 Charniak 学术风格的鲜明特点，也是本书（以及他之前写的其他 4 本教科书）的突出优点。

Charniak 攻读博士学位时的导师是麻省理工学院（MIT）的 Marvin Minsky

（1972，毕业年份，下同）。Minsky 是人工智能领域的创始人之一，贡献广泛，是 1969 年图灵奖得主。也是在 1969 年，Minsky 出版了《感知器》（*Perceptrons*）这本书，为第一次神经网络高潮画上了句号（这件事后面还要详细说）。其实早在 1956 年"人工智能"（Artificial Intelligence）这个词被造出来之前，Minsky 已经在做神经网络相关的工作了，所以他的批评是非常有分量的。

顺带说一句，Minsky 攻读博士学位时的导师是普林斯顿大学的 Albert Tucker （1954）。Tucker 是大数学家（Tucker 再往上的学术谱系都是数学家、哲学家了），是规划理论、博弈论的"大拿"，"囚徒困境"概念的提出者。后来获得了诺贝尔奖的 John Nash 也是他的学生。后来 Minsky、Charniak、Hendler 也都研究过规划理论。在人工智能历史上，不同分支的理论往往被相互借鉴，这些大宗师们也得益于不局限于某一狭隘视角。

之后在 20 世纪 70 年代，Charniak 和 Minsky 工作的时候，Minsky 发明了一种知识表示方法——"框架"（Frame）理论，Charniak 在早年也从事过框架理论的研究。后来 James Hendler 在布朗大学师从 Charniak 攻读博士学位（1985），继承了知识表示这个方向的工作，主攻主体（agent）理论、规划和知识推理方面。到了 20 世纪 90 年代，Hendler 和 Tim Berners-Lee 等人开创了语义网（Semantic Web）这个领域，其演化到今天被称为"知识图谱"（Knowledge Graph）。

其实 Charniak 和 Hendler 的工作都是关于知识的，只是侧重点不同：Charniak 主攻用统计方法理解文本里的知识（"经验主义"），Hendler 主攻如何获取人的头脑里的知识（"理性主义"或者"符号主义"）。两者都可以追溯到 Minsky 的一些奠基性工作，但在人工智能的发展史上，两种技术路线又相互竞争，一种的高潮往往是另一种的低谷，追溯一下这些高潮和低谷的发展历程可能也有助于我们理解未来。当然在这个序里，我们的讨论会主要聚焦在神经网络和深度学习这个分支，其他方法只在必要的时候提及。

神经网络的周期律

神经网络的发展，迄今经历了三个周期，包括三次高潮和两次低谷。

- 第一个周期（1943—1986），**感知器时代**。从 1943 年 McCulloch-Pitts（MP）模型作为开端、1957 年感知器的提出为标志性高潮起点，到 1969 年 Minsky 的《感知器》一书提出批判进入低谷，酝酿期 14 年，高潮期 12 年，之后低谷期 17 年。

- 第二个周期（1986—2012），**BP 算法时代**。以 1986 年误差反向传播（BP）算法为标志性高潮起点，并没有明确进入低谷的标志性事件，一般认为在 1995 年前后进入低谷。高潮期是 9 年，之后低谷期也是 17 年——真是一种历史的巧合。

- 第三个周期（2012 年至今），**深度学习时代**。以 2012 年深度学习在 ImageNet 竞赛大获全胜为标志性高潮起点，到现在还在高潮期中，尚未进入低谷。这次的高潮期已经持续了 7 年。

以上的周期年份，主要是对于美国的学术界而言，而在中国，以前则会滞后几年，不过在最近一个周期里，中美两国已经基本同步发展了。

我最早接触神经网络是在 1996 年。那时候虽然在美国神经网络已经进入了冬天，但是在 20 世纪 90 年代的中国计算机界，神经网络依然是一门"显学"，虽然不能说言必称神经网络，但相信神经网络是一种"万灵药"的想法还是非常普遍的。我当时的同学，有学土木的、机械的、电气的、仪器的，听说我是做神经网络的，都跑过来要合作用神经网络发论文，大体也行得通。我们拿它来做电力负载预测、桥梁结构优化，效果都是非常好的。

到 20 世纪 90 年代末，发现 BP 网络、Hopfield 网络有这样那样的问题，那时候便有一个想法，为什么不能进一步利用网络的层次性，做一种层次化学习的神经网络呢？2001 年，我带着这个想法去 Iowa State University 向 Vasant Honavar 学习人工智能。Honavar 也是神经网络专家，那时他在这个领域研究了十几年了，但是他和我说，研究神经网络是再也得不到资助了，你必须换一个方向。

后来也的确是这样。那时候即使是做神经网络的人，也必须套着其他的"马甲"发表论文。我记得在 Geoffrey Hinton 他们发表那篇经典论文 "A fast learning algorithm for deep belief nets" 的 2006 年，ICDM、ICML 这些机器学习的主流会议上，几乎没有关于神经网络的文章。"ICML 不应该接受关于神经网络的文章"还是一种潜规则。Hinton 他们的这篇文章，现在回过头来看预示了神经网络的复兴，但是文章名字也没有直接提到神经网络，而用了 "belief nets" 这样 "安全"的名字——这能让人去联想贝叶斯或者概率图，当时的显学。

当时神经网络衰到什么程度呢？去翻一下那年的"神经网络大本营" NIPS 2006 的论文集，大部分文章都不是关于神经网络的了，而是贝叶斯、马尔可夫网络和支持向量机（SVM，神经网络的"对头"）之类的。甚至在 NIPS 2012，Hinton 都用"自黑"开场："我今天想告诉大家，其实过去这些年大家没有必要来参加

NIPS。"（戏指过去这些年没啥进展）。真是让人唏嘘，"一个人的命运当然要靠自我奋斗，但是也要考虑历史的进程"。

之所以有这样的低谷，来自于之前**极高的期待**。神经网络的发展史上，反复出现"极高的期待"—"极度的怀疑"这种震荡。比如下面两段话分别出现在前两次高潮时期的媒体上：

> 海军披露了一台尚处初期的电子计算机，期待这台电子计算机能行走、谈话、看和写，自己复制出自身存在意识……Rosenblatt 博士，康奈尔航空实验室的一位心理学家说，感知机能作为机械太空探险者被发射到行星上。（《纽约时报》，1958）

> 现在已经可以采购到神经网络程序，可用于预测标普 500 的动向，或者诊断心脏病。诺贝尔奖得主 Leon Cooper 说，这种技术最终会比电话里的晶体管还普遍。DARPA 的 Jasper Lupo 认为，我相信这种技术比原子弹更重要。（《科学家》，1988）

现在第三次高潮正在进行中，类似的话近年在媒体上天天有，就不必在这里举例了。

在高潮期，不管啥都要蹭神经网络的热点，比如在 1991 年（第二个高潮的巅峰）《终结者 2》电影中，施瓦辛格扮演的"终结者"机器人也说："我的 CPU 是一个神经网络处理器，一个会学习的计算机。"（My CPU is a neural-net processor...a learning computer.）那时候没人能想到，仅仅 4 年之后这个领域就凉了，神经网络遇到了自己的"终结者"。

第一代终结者：异或问题

这几年关于神经网络起起伏伏的历史的文章已经很多，这里不打算复述这段历史的细节。感兴趣的读者可以参考尼克的《人工智能简史》一书中"神经网络简史"一章，和 Andrey Kurenkov 的"A Brief History of Neural Nets and Deep Learning"（神经网络和深度学习简史）。我们仅把讨论限于核心方法衰落与兴起的技术原因。

1969 年 Minsky（和 Seymour Papert）在《感知器》一书里给感知器判了"死刑"。感知器的具体技术细节，请参考本书第 1 章"前馈神经网络"。Minsky 的逻辑是：

（1）一层感知器只能解决线性问题；

（2）要解决非线性问题（包括分段线性问题），比如异或（XOR）问题，我们需要多层感知器（MLP）；

（3）但是，我们没有 MLP 可用的训练算法。

所以，神经网络是不够实用的。这是一本非常严谨的专著，影响力很大。一般的读者未必能理解书中的推理及其前提限制，可能就会得到一个简单的结论：神经网络都是骗人的。

这并不意味着 Minsky 本人看衰人工智能领域，实际上 1967 年他说："一代人内……创建人工智能的问题就会被事实上解决掉。"这里可能还有另外一个因素：在那个时候，他是很看好与神经网络竞争的"符号主义"和"行为主义"的方法的，比如框架方法、微世界方法等，他后面也转向心智与主体理论的研究，所以《感知器》这本书观点的形成可能也有路线之间竞争的因素。但很不幸的是，无论是 1967 年他对 AI 过于乐观的展望，还是 1969 年他（事后看）对连接主义方法过于悲观的判断，都对 1973 年 AI 进入全面的冬天起到了推波助澜的作用。这是"**极高的期待导致极度的怀疑**"的第一次案例——当然并不是最后一次。

说 1969 年《感知器》的观点事后看过于悲观，是因为在 Minsky 写这本书的时候，问题的答案——误差反向传播（BP）算法——其实已经出现了，虽然直到 1974 年 Paul Werbos 在博士论文中才把它引入了神经网络。只是要再等十几年，这个算法才被几个小组再次独立发现并广为人知。无独有偶，1995 年前后神经网络再次进入低谷的时候，后来深度学习的那些雏形在 20 世纪 80 年代末其实已经出现了，也同样需要再花二十年才能被主流认知。

不管是不是合理，神经网络与它的其他 AI 难兄难弟一起，进入了一个漫长的冬天。当时研究经费的主要来源是政府，但这之后十几年几乎没有政府资助再投入神经网络。20 世纪 70 年代到 80 年代初，AI 退守的阵地主要是"符号主义"的专家系统。

第二周期的复兴：BP 算法

1986 年，David Rumelhart、Geoffrey Hinton 和 Ronald Williams 发表了著名的文章 "Learning representations by back-propagating errors"（通过误差反向传播进行表示学习），回应了 Minsky 在 1969 年发出的挑战。尽管不是唯一得到这个

发现的小组（其他人包括 Parker，1985；LeCun，1985），但是这篇文章本身得益于其清晰的描述，开启了神经网络新一轮的高潮。

BP 算法是基于一种"简单"的思路：不是（如感知器那样）用误差本身去调整权重，而是用误差的**导数**（**梯度**）。具体的算法，请参考本书第 1 章和第 2 章。

如果我们有多层神经元（如非线性划分问题要求的），那只要逐层地做误差的"反向传播"，一层层求导，就可以把误差按权重"分配"到不同的连接上，这也即链式求导。为了能链式求导，神经元的输出要采用可微分的函数，如 s 形函数（sigmoid）。

在 20 世纪 80 年代的时候，一批新的生力军——物理学家也加入了神经网络的研究阵地，如 John Hopfield、Hermann Haken 等。在计算机科学家已经不怎么搞神经网络的 20 世纪 80 年代早期，这些物理学家反而更有热情。与第一周期中常见的生物学背景的科学家不同，物理学家给这些数学方法带来了新的物理学风格的解释，如"能量""势函数""吸引子""吸引域"等。对于上述链式求导的梯度下降算法，物理学的解释是在一个误差构成的"能量函数"地形图上，我们沿着山坡最陡峭的路线下行，直到达到一个稳定的极小值，也即"收敛"点。

1989 年，George Cybenko 证明了"万能近似定理"（universal approximation theorem），从表达力的角度证明了，多层前馈网络可以近似任意函数（此处表述忽略了一些严谨的前提细节）。进一步的理论工作证明了，多层感知器是图灵完备的，即表达力和图灵机等价。这就从根本上消除了 Minsky 对神经网络表达力的质疑。后续的工作甚至表明，假如允许网络的权重是所谓"不可计算实数"的话，多层前馈网络还可以成为"超图灵机"——虽然这没有现实工程意义，不过足以说明神经网络强大的表达力。

BP 算法大获成功，引起了人们对"连接主义"方法的极大兴趣。数以百计的新模型被提出来，比如 Hopfield 网络、自组织特征映射（SOM）网络、双向联想记忆（BAM）、卷积神经网络、循环神经网络、玻尔兹曼机等。物理学家也带来了很多新方法和新概念，如协同学、模拟退火、随机场、平均场和各种从统计物理学中借鉴过来的概念。其实后来深度学习复兴时代的很多算法，都是在那时候就已经被提出来了。

回看 20 世纪 80 年代，你也许会发现今天探索过的很多想法当时都探索过，诸如自动控制、股市预测、癌症诊断、支票识别、蛋白质分类、飞机识别，以及非常多的军事应用等，都有成功的案例——这是 20 世纪 60 年代那一波未曾见的。

因为有了这些可商业落地的应用，大量风险投资也加入进来，从而摆脱了单纯依靠政府资助发展的模式。

可以说，在那个时代，神经网络已经是"大数据"驱动的了。相比美好的承诺，新一代神经网络速度慢的缺点（这来自于大量的求导计算）也就不算什么了。而且出现了大量用硬件加速的神经网络——正如今天专用于深度学习的"AI 芯片"。大量的公司去设计并行计算的神经网络，IBM、TI 都推出了并行神经计算机，还有 ANZA、Odyssey、Delta 等神经计算协处理器，基于光计算的光学神经网络，等等。甚至 Minsky 本人都创办了一家并行计算人工智能公司"Thinking Machines"，产品名也充满暗示地叫"连接机"（蹭"连接主义"的名气）。和今天一样，也几乎每天都有头条，每一天都看起来更加激动人心，眼前的困难都可以被克服。

短短几年之内，极度的怀疑反转为（又一次的）**极高的期待**，以至于在之前引用的《科学家》1988 年文章"神经网络初创企业在美国激增"中也表达了对这种期待的担心：

> 神经网络在金融领域如此之热，以至于有些科学家担心人们会上当。斯坦福大学教授、有三十年神经网络经验的 Bernard Widrow 说："一些商业神经网络公司的信誓旦旦可能会把这个行业带入另一个黑暗时代。"

Widrow 也是在 Minsky 的影响下进入 AI 领域的，后来加入斯坦福大学任教。他在 1960 年提出了自适应线性单元（Adaline），一种和感知器类似的单层神经网络，用求导数方法来调整权重，所以说有"三十年神经网络经验"并不为过。不过，当时他认为神经网络乃至整个人工智能领域风险有点高，于是他转向了更稳妥的自适应滤波和自适应模式识别研究。

顺便说一句，自适应滤波的很多方法在数学上和神经网络方法是相通的，甚至只是换了个名字，比如 Widrow 著名的"最小均方误差"（LMS）方法在后来的神经网络研究中也广为应用。我们在神经网络的起起伏伏中经常看到这样的现象（后面还会举更多的例子）：

- 当领域进入低谷，研究人员换了个名字继续进行研究。甚至 1986 年神经网络复兴的时候，Rumelhart 编的那本论文集并没有叫"神经网络"，而是叫"并行分布式处理"（Parallel Distributed Processing）这个低调的名字。

- 当领域进入高潮，那些潜伏的研究再次回归本宗——当然，很多原本不在其中的方法也会来"搭便车"。例如,支持向量机(SVM)方法虽然在20世纪60年代就有了,在20世纪90年代复兴的时候,采用的名字却是"Support Vector Network",以神经网络的面貌出现,直到神经网络进入低谷才把"Network"去掉。

回到 1986—1995 年这段时间,什么都要和神经网络沾边才好发表。比如,那时候 CNN 不是指卷积神经网络(Convolutional Neural Network,见本书第 3 章),而是细胞神经网络(Cellular Neural Network)——一种并行硬件实现的细胞自动机,尽管这种算法本来和神经网络没有太大关系。顺便提一句,它的发明人是"虎妈"(蔡美儿)的父亲蔡少棠。

第二代终结者:收敛速度与泛化问题

神经网络从"飞龙在天"到"亢龙有悔",也只花了几年时间,就又遇到了"第二代终结者"。有趣的是,第二代终结者的出现本身又是为了解决第一代终结者问题而导致的。

异或问题本质上是线性不可分问题。为了解决这个问题,在网络里引入非线性,以及将这些非线性函数组合的参数化学习方法(BP 算法等)。但是这样复杂的高维非线性模型,在计算上遇到了很多挑战,基本上都是和链式求导的梯度算法相关的。

首先就是"慢"。训练一个规模不算很大的神经网络花上几天时间是很正常的,在中国就更艰苦了。1998 年在读研究生时我得到的第一台计算机是一台"486",在那上面运行 MATLAB 的神经网络程序,隐藏层节点都不敢超过 20 个。为什么这么慢呢?全连接的前馈网络,参数空间维数大幅增加,导致了维度灾难(The Curse of Dimensionality),参数组合的数量呈指数增长,而预测的精度与空间维数的增加反向相关,在20世纪90年代有限的算力支持下,规模稍大的问题就解决不了了。

"万能近似定理"虽然说明了我们可以逼近任意函数,但是并不保证有一个训练算法能够学习到这个函数。虽然后来我们知道,同样的神经元数量,多隐层会比单隐层收敛得更快(虽然单隐层和多隐层在表达力上对于连续函数没区别),但是那时候由于不能解决"梯度消失"的问题(后面还会讲到),很少人会用多隐层。所以,神经网络内在的结构性是不好的。那时候也有很多"打补丁"的方法,比如,通过进化神经网络来寻找最优节点结构,或者自适应步长迭代,等等,但事后看，都是些治标不治本的方法。

维度灾难的另一个后果是泛化问题。比如训练一个手写数字识别器，稍微变化一下图像可能就识别不了了。这个问题的原因是误差求导是在一个高维空间里，目标函数是一个多"峰值"和"谷底"的非线性函数，这就导致了梯度下降迭代终点（"吸引子"）往往不一定是希望找到的结果（全局最优解）。甚至，有些迭代终点根本不是任何目标模式，称为"伪模式"或者"伪状态"。

Hinton 在 2015 年的一个教程里也总结了基于 BP 的前馈网络的问题。

（1）数据：带标签的数据集很小，只有现在（2015）的千分之一。

（2）算力：计算性能很低，只有现在（2015）的百万分之一。

（3）算法：权重的初始化方式和非线性模型错误。

后来，数据问题和算力问题被时间解决了，而算法问题早在 2006 年前后就被解决了（即深度学习革命）。

回到 1995 年，那时大家并没有 Hinton 在 20 年后的这些洞见，但是也能意识到神经网络的这些问题很难解决。再一次，**"极高的期待导致极度的怀疑"**，未能兑现的承诺导致了资金的快速撤离和学术热情的大幅下降。几乎所有的神经网络公司都关门了——至少有 300 家 AI 公司，包括 Minsky 的 Thinking Machines（1994）也关门了。

这时候恰好出现了基于统计机器学习的其他竞争方法，导致大家逐渐抛弃了神经网络而转向统计机器学习，如支持向量机（SVM）、条件随机场（CRF）、逻辑回归（LR 回归）等。其实这些方法也都和神经网络有千丝万缕的联系，可以证明与某些特定的网络等价，但是相对简单、快速，加上出现了一些成熟的工具，到 20 世纪 90 年代后期在美国就成为主流了。

这里只对 SVM 做一下分析。1963 年 SVM 刚出现的时候，和单层感知器一样，都只能处理线性分类问题。两者后来能处理非线性问题，本质都是对原始的数据进行了一个空间变换，使其可以被线性分类，这样就又可以用线性分类器了，只是两者如何做空间变换途径不同：

- 对于神经网络，是用隐藏层的矩阵运算，使得数据的原始坐标空间从线性不可分转换成了线性可分；

- 对于 SVM，是利用"核函数"来完成这个转换的。

1995 年，由 Vladimir Vapnik（LeCun 在贝尔实验室的同事）等人以 Support Vector Network 的名义发布了改进后的 SVM，很快就在多方面体现出了相较于神经网络的优势：无需调参，速度快，全局最优解，比较好地解决了上述 BP 算法的问题，很快就在算法竞争中胜出。因此，虽然第二次神经网络进入低谷没有一个标志性事件，但是一般认为 Vapnik 发表"Support Vector Network"这篇文章的1995 年可以算转折点。

SVM 到底算不算神经网络的一种呢？其实线性的 SVM 和线性的感知器是等价的。两者都是从线性模型到深度学习之间过渡，即：

- 线性模型；

- 线性 SVM ⇔ 单层感知器；

- 非线性核 SVM ⇔ 多层感知器；

- 深度学习。

只是，SVM 以牺牲了一点表达力灵活性（通常核函数不是任意的）为代价，换来了实践上的诸多方便。而神经网络在之后的 17 年里，逐渐从"主流"学术界消失了，直到跌到了"鄙视链"的最下面。据说 Hinton 从 20 世纪 90 年代到 2006 年大部分投稿都被会议拒掉，因为数学（相比统计机器学习）看起来不够"fancy"（新潮）。

20 世纪 90 年代中期到 2010 年左右在整体上被认为是第二个 AI 冬天，神经网络无疑是其中最冷的一个分支。值得一提的是，这段时间内互联网兴起，连带导致机器学习方法和语义网方法的兴起，算是这个寒冬里两个小的局部春天。不过在这个神经网络"潜龙勿用"的第二个蛰伏期，有些学者依然顽强坚持着，转机又在慢慢酝酿。

第三周期的复兴：深度学习

Geoffrey Hinton、Yoshua Bengio 和 Yann LeCun 获得 2018 年图灵奖是众望所归。在那漫长的神经网络的第二个冬天里，正是他们的坚持才迎来了第三周期的复兴，而且势头远远大于前面两次。其中，Hinton 是 1986 年和 2006 年两次里程碑式论文的作者，也是 BP 算法和玻尔兹曼机的提出者；Bengio 在词嵌入与注意力机制（见本书第 4 章）、生成式对抗网络（GAN，见本书 7.4 节）、序列概率模型上有贡献；LeCun 独立发现并改进了 BP 算法，发明了卷积神经网络（见本书第 3 章）。

神经网络之所以翻身了，关键还是在一些经典的难题上确实展示了实用性，把一些停滞了很久的问题向前推进了。先是体现在手写字符识别 MNIST（2006）上，然后是在语音识别（2010）和图像分类 ImageNet（2012）上。ImageNet ILSVRC 2012 竞赛是神经网络方法第三次兴起的标志性事件。国内同步就有了报道，余凯当天在微博上说：

> Deep learning 令人吃惊！最近第三届 ImageNet Challenge 上，Hinton 团队获得第一，Hit Rate@Top5 ＝84％，比第二名高出 10％！第一届比赛，我带领的 NEC 团队获得第一，成绩是 72％。去年第二届，Xerox Lab 获得第一，但结果和我们前年的差不多，无实质进步。今年可是飞跃了。

之后另一个标志性事件是 2016 年 AlphaGo 击败围棋世界冠军李世石，背后基于深度强化学习方法（本书第 5 章）。这件事有极大的公众宣传效果，激发了一轮深度学习风险投资的狂潮。在机器阅读理解竞赛 SQuAD 上，自 2018 年以来，序列到序列学习模型（本书第 6 章）也取得了与人类匹敌的成绩。

效果是反驳一切怀疑的最好的武器。

为什么深度学习能战胜"第二代终结者"，取得这么好的成绩呢？我想从算法细节、算法哲学、工程成本三个角度谈一些个人看法。

1. 从算法细节的角度分析

前面我们提到链式求导带来一系列问题。单隐层全连接造成收敛速度不够快，但是由于"梯度消失"（或对偶的"梯度爆炸"）问题，难以实现多隐层误差反向传播。而且，网络还有泛化能力不好、容易过拟合等问题。

它的解决方法其实并不复杂。首先，用分段线性函数 ReLU：$f(x)=\max(0,x)$ 取代 sigmoid 激活函数——这个函数甚至不是严格可微的。线性保证了它的导数不会趋近于零，分段线性则保证了我们可以分段逼近一个函数，尽管从理论上这个逼近不平滑，但是工程上够用。

实践表明，ReLU 函数在训练多层神经网络时，更容易收敛，并且预测性能更好。这不是从理论推导出来的结果，而是有了实践之后，反过来总结出来的。我们发现单侧抑制一些神经元（ReLU 的实际作用）会导致"表征稀疏"，而这反而是好事，既让表示更具有鲁棒性，又提高了计算效率。

这种丢弃信息反而提高效果的工程实践在深度学习的其他一些细节也有体现。比如，"丢弃"算法（dropout）通过每次训练让部分神经元"装死"来避免过拟合，卷积神经网络中引入"池化"（pooling）丢弃一些输入信息反而会指数级减小泛化误差。

以上种种工程技巧，基本原理并不复杂，一旦捅破窗户纸，不免给人"原来如此简单"的感觉。与当初战胜"第一代终结者"也颇有类似之处，就是并非依赖一个高深莫测的新理论，而是依赖一些朴素的"常识"，去从工程上想办法。

那为什么这些看似简单的方法，要过十几年才被接受呢？大概是因为学术界的遗忘周期是 15 年吧！三代博士过后大家基本就不记得从前了。正所谓"人心中的成见是一座大山"，直到连成见都被遗忘了，才会有新的开始。

2. 从算法哲学的角度来分析

总的来说，神经网络的演进一直沿着"模块化+层次化"的方向，不断把多个承担相对简单任务的模块组合起来。BP 网络是感知器的层次化，深度学习网络则是多个 BP 网络的层次化——当然后来也出现了多种非 BP 网络的深度层次化。Hinton 最近提出的"胶囊"（capsule）网络就是要进一步模块化。层次化并不仅仅是网络的拓扑叠加，更重要的是学习算法的升级，例如，仅仅简单地加深层次会导致 BP 网络的梯度消失问题。

从本质上说，深度学习网络可以比经典的 BP 网络处理更复杂的任务，在于它的模块性，使得它可以对复杂问题"分而治之"（Divide and Conquer）。无论是多层前馈网络，还是循环神经网络，都体现了这种模块性。因为我们处理的问题（图像、语音、文字）往往都有天然的模块性，学习网络的模块性若匹配了问题本身内在的模块性，就能取得较好的效果。

这可以看成一种连接主义的"动态规划"，把原来全连接网络的训练这种单一决策过程，变成了多阶段决策过程。例如，在多层卷积网络对图像的处理中，会出现不同的层次依次"抽取"出了从基础特征到高层次模式的现象，每一层基于上一层的输入，就相当于很多子任务可以被重用了。所以这种方法也被称为表示学习（representation learning）方法。

这样的好处是多方面的，既极大提高了学习收敛的速度（解决了维度灾难），又可避免那些"不合理"的局部最优解（因为它们在模块性匹配的过程中被自然淘汰了）。

从这个角度去理解，深度神经网络是"优雅"的，在于它简洁而美。一个"好"的模型，通常是"优雅"的。这很难说是什么科学道理，但是就和物理学一样，一个计算机科学的算法，如果它是技术主干道上的一个有深远价值的东西，往往它是"美"的，简洁的，没有太多补丁。一个糟糕的算法，就好像托勒密的"本轮"，一个补丁套一个补丁，或者像在发明抗生素之前治疗肺结核的方法，神秘而不可解释。如之前给 BP 网络和 Hopfield 网络打各种补丁的方法，前置各种 ad-hoc 不变形特征提取器，用进化算法训练网络结构，用局部定位消除虚假吸引子，等等，数学上都高深莫测，但是效果并不好。现在回头看，那些模型都很"丑"。

深度学习把学习分层，不是个数学问题，而是个知识重用问题，每一层自然分解出不同等级的特征，从底层特征到高层特征。这样一下子就把原来打几千种补丁的必要性都消灭了。这个架构是优雅的，也同时解决了收敛速度问题和泛化问题，因为它触及了问题的本质。一个优雅的方法，基本的原理往往是特别好懂的，不用看公式就能懂。

这里多说一句，深度学习模型现在大火的同时，也出现了很多对它的"本轮"补丁，如一些几百层的神经网络模型。搞得这么复杂的模型，通常在技术演进上是旁支。

3. 从工程成本角度分析

深度学习的成功，工具系统的可用性是很关键的因素。工具大大降低了运用这些方法的门槛。深度学习被采用，并不一定是因为它效果最好——许多场合可能就和传统方法的最好水平差不多。但是，发挥传统方法的最好水平需要一位有多年经验的"老中医"，而深度学习工具可以让一个刚出道的学生就达到相近或稍差的表现，在语音和图像场景上更可以超出传统方法。这从管理学和经济学上都带来了巨大的好处。

例如，2006 年 Netflix 推荐算法大赛，冠军团队利用集成算法，整合了 107 种算法，最后提高了 10 个百分点。而 2016 年，有人用 Keras 写了一段不到 20 行的深度神经网络程序就得到了类似的结果。又如基于深度学习的依存文法解析器 senna 和传统的 Stanford parser 相比，效果接近，略差一点，但是从建模复杂性上，senna 就远远比 Stanford parser 简单了，senna 只用了一个零头的代码量就达到了接近的效果。

以前需要"老中医"来做特征工程，现在交给深度学习来进行表示学习（representation learning），通过深度神经网络中的逐层加工，逐渐将低层的特征表示转化为高层的特征表示。

同样，以前也需要"老中医"来对核函数（kernel）、卷积模板（mask）等强烈依赖经验的计算单元进行选择或者构造，这限制了可能的学习种类。深度学习网络相当于可以从数据中学习 kernel 或者 mask，大大提高了灵活性，降低了对经验的依赖。

又如，在深度学习中广泛采用预训练模型（如最近很火的 BERT）。这个想法的本质是知识重用。可复用的预训练模型作为"工作母机"，可以被后续的工程再去针对特定的任务修正和调优。

综上所述，大量深度学习工具的出现，大大降低了神经网络的入门门槛，大大增加了神经网络工程师的供给总量，大大降低了领域专家介入成本，从而有利于控制工程总成本。

不过，现实的问题求解并不是单一工序。任何一个实际问题的解决，都需要工程上的细致的问题分解，并不总是存在"端到端"的方法，多种工具的组合运用是工程不可或缺的。随着深度学习的普及，最近几年毕业的学生，很多甚至不知道深度学习之外的方法了，连传统机器学习都丢掉了，更不用说规则方法了，这对实际解决问题将是有害的。

会有第三代终结者吗？

深度学习如今进入了本轮高潮的第 7 个年头，正如日中天，在前所未有的海量资金投入时，讨论是不是会有什么因素导致本轮高潮的结束似乎是杞人忧天。有人认为，这一次的神经网络复兴将是最后一次，因为神经网络将不可能再次进入低谷。不过，"一切伟大的世界历史事变……可以说都出现两次"。**"极高的期待导致极度的怀疑"**这件事已经发生两次了，如今正处在第三次**"极高的期待"**中，很多名人又开始担心人工智能威胁人类了。为了这一领域的健康发展，我们也应该审视深度学习是不是有其自身的边界，并提前想一想对这些边界的应对。

如之前的分析，第二代终结者问题（链式求导的副作用）恰恰是为了解决第一代终结者问题（非线性分类）而带来的新问题。那终结第三次神经网络高潮（深度学习）的会不会也是为了解决第二代终结者问题而导致的新问题呢？

"暴力美学"问题。当我们加深网络层次并引入模块性的时候，会带来什么副作用呢？现在深度学习反而变得越来越贵，层数越来越多，预训练模型也越来越昂贵，深度学习在很多场景下反而变成了"暴力美学"，成为拼数据、拼 GPU 的烧钱游戏。但是，其实去非巨头的企业走走就会知道，大多数的领域落地问题，还不能承担这种成本，尤其是很多机构组织的问题解决，必须从低成本小问题开始。"暴力美学"式的深度学习，就只能停留在"头部问题"（即存在大量数据和大量算力的问题）上，而难以解决大多数垂直领域问题。

"炼丹"问题。深度学习的结果越来越难以解释和定向优化，整个系统是个"炼丹"的黑箱。当然，这个问题不是深度学习独有的，是整个"连接主义"方法共同的问题。只是深度学习把这种"炼丹"推到了一个全新的高度，调参的效果往往不可理解，没法解释。但是非常多的应用问题，如医疗和自动驾驶，的确是需要可解释性和定向优化的，这就限制了应用的效果。

递归性序列问题。黑箱问题本身可能还不是致命的，但是它又带来了另一个问题：一些在人看起来很清晰的问题，基于海量的训练数据机器还是学习不好。这类问题通常是一种"递归性生成规则"，最简单的如数字的构成规则，基于这些规则可能生成无穷无尽的序列。基于纯语料对齐技术训练，就很难得到不出错的中英文数字翻译。类似的递归性序列不仅在语言中大量存在，在表格、篇章等结构中也广泛存在。深度学习到底能不能在工程上解决这类语法归纳（grammar induction）问题，还是个待实践的问题。

知识融合问题。这个问题也是近来学术界关注的热点。如何把先验知识或者"知识图谱"（即数据本身的结构性）融合进深度神经网络？各类的向量化方法被提出，语义并不依赖于把符号直接映射到模型世界的个体上，而取决于个体的统计特性。但是除了词向量，其他更复杂的知识结构（例如属性、二元关系和表达式）在工程上依然鲜有成功。在自然语言处理中，外源知识恐怕是难以避免的，目前的向量化方法，似乎还不足以独立完成这个任务。

深度学习的这些问题（潜在的"第三代终结者"问题），也同样是难以仅仅用拓扑的改良来解决的，例如增加神经网络层数或者再提升数据的量级。可能需要我们进一步提出更先进的网络结构，或者融合其他的 AI 工具，而不仅是"打补丁"（和二十多年前一样）。读者可能也会得出自己的"终结者问题"。思考这些问题，并不意味着我们否定深度学习，而是有助于我们进一步拓宽思路。也许，如之前的两次复兴一样，答案并不复杂，需要的仅仅是从常识出发，去发现工程的技巧。

结语

下面两句话都是 Minsky 说的。

1970 年："三到八年后，我们就会有一个机器，达到普通人类的智能水平。"

——三年之后 AI 进入冬天。

2003 年："1970 年代以来，AI 就脑死亡了。"——三年之后 Hinton 悄然举起复兴的大旗。

可见，即使是 AI 创始人自己，对未来的预测，也常常是错误的。

从某种程度上说，也许我们不可能走出周期律，它会一直陪伴着这个学科。因为人工智能可能和所有其他的计算机分支都不一样，她会一次又一次让我们着迷，因为爱而被冲昏头脑，又因为爱而对她生恨。这恰恰是她的魅力所在。

神经网络（包括深度学习）是最好的第一种算法和最后一种算法。当你对一个问题一无所知，请用神经网络。当一个问题已经被明确可解，神经网络总是可以帮你达到已知的最优结果。在两者之间，神经网络和其他算法一样优秀或者糟糕。神经网络模型在实践有效后通常都会经历简化，甚至部分"白箱"化。这在工程上是几乎一定会发生的。总之，它是一个"最不坏的选择"。

我们可以做到的是实事求是，一切从实践出发，一切从工程出发，去理解约束，理解落地细节，抓住本质。我们也会经历知其然、知其所以然，到知未然的认识深化过程。对神经网络这样一种颇为复杂的工具，比较和实践都是不可或缺的。

Charniak 的这本书就是可以帮助您达到这一点的优秀参考书。它是一本实事求是的教材，它也是一本以工程为导向的指南，以 Python 和 Tensorflow 为实践工具，可以带你以清晰的逻辑进入实战，去领略基础的深度学习算法如 CNN、RNN、LSTM、GAN 等。这本书只是一个开始，正如本文前面所述，神经网络是一个有深厚历史渊源的学科，在未来还有很多其他的进阶话题等着对此有兴趣的读者去探索。

我相信您会和我一样，愉快地阅读本书，并获得思考的乐趣。

文因互联　鲍捷
2019 年 9 月于北京

前言

笔者长期进行人工智能方面的研究，主要研究方向为自然语言处理，但深度学习的出现为这个领域带来了一场全新的革命。只是对于这件事，我过了太久才有所顿悟，这是因为神经网络发展至今，已历经三次浪潮，而第三次才是一场真正意义上的革命。我突然发现自己已远落后于时代，而要紧跟时代步伐又十分艰难。所以，我只是做了一个教授应该做的事：为促进自学，要求自己教授该领域课程，参加线上速成班，并向学生们不耻下问。最后一条可不是在开玩笑，尤其是我的学生 Siddarth（Sidd）Karramcheti，作为该课程的本科助教组长，为我提供了很多帮助。

这些经历造就了这本书。首先，这本书的篇幅并不长，毕竟我学得很慢。其次，本书很大程度上采用项目驱动模式撰写。许多教材在计算机科学知识方面的讲解安排有些失衡，大多注重理论方面的讲解，而缺少对于特定项目的实例讲解。当然这两方面折中一下更好，不过对我而言，学习计算机科学的最好方法，就是坐下来写程序，所以本书很大程度上也反映了我的学习习惯。而最方便的方式就是把这些记下来，希望对一些预期受众有所帮助。

那么预期受众包括哪些读者呢？我当然希望这本书能够帮助到计算机科学领域的从业者，不过教师首先要服务学生，所以这本书主要是作为深度学习课程的教材。在布朗大学，我这门课是为研究生和本科生开设的，课程涵盖了本书所有内容，还添加了一些"文化"课程（研究生必须完成期终项目才能修满学分）。本课程需要一些线性代数和多元微积分的基础，虽然不需要精通线性代数，但学生们告诉我，如果你一点也不懂，那么理解多层网络和其所需的张量就非常困难。但在这之前，我们也要用到多元微积分。事实上，它只会明确地出现在第 1 章，当我们从头开始建立反向传播时，举办一次偏导数的讲座是有必要的。此外，概率论与数理统计也是这门课的先修课程，有助于简化一些复杂的理论解释，我非常鼓励学生选修这样的课程。另外，这门课还需要一些 Python 的基本编程知识，尽管书中未涉及，但在课程中有单独的 Python 基础实验课。

　　笔者一边写书，一边学习。因此，读者会发现每一章的拓展阅读部分，不仅参考了一些重要的研究论文，还参考了许多的二次文献——其他人的教育著作。如果没有它们，我不可能学到这些。

尤金·查尔尼克

美国罗德岛州普罗维登斯市

2018 年 1 月

资源与支持

本书由异步社区出品，社区（https://www.epubit.com/）为您提供相关资源和后续服务。

提交勘误

作者和编辑尽最大努力来确保书中内容的准确性，但难免会存在疏漏。欢迎您将发现的问题反馈给我们，帮助我们提升图书的质量。

当您发现错误时，请登录异步社区，按书名搜索，进入本书页面，单击"提交勘误"，输入勘误信息，单击"提交"按钮即可，如下图所示。本书的作者和编辑会对您提交的勘误进行审核，确认并接受后，您将获赠异步社区的 100 积分。积分可用于在异步社区兑换优惠券、样书或奖品。

扫码关注本书

扫描下方二维码，您将会在异步社区微信服务号中看到本书信息及相关的服务提示。

与我们联系

我们的联系邮箱是 contact@epubit.com.cn。

如果您对本书有任何疑问或建议，请您发邮件给我们，并请在邮件标题中注明本书书名，以便我们更高效地做出反馈。

如果您有兴趣出版图书、录制教学视频，或者参与图书翻译、技术审校等工作，可以发邮件给我们；有意出版图书的作者也可以到异步社区在线投稿（直接访问 www.epubit.com/selfpublish/submission 即可）。

如果您是学校、培训机构或企业用户，想批量购买本书或异步社区出版的其他图书，也可以发邮件给我们。

如果您在网上发现有针对异步社区出品图书的各种形式的盗版行为，包括对图书全部或部分内容的非授权传播，请您将怀疑有侵权行为的链接发邮件给我们。您的这一举动是对作者权益的保护，也是我们持续为您提供有价值的内容的动力之源。

关于异步社区和异步图书

"异步社区"是人民邮电出版社旗下 IT 专业图书社区，致力于出版精品 IT 技术图书和相关学习产品，为作译者提供优质出版服务。异步社区创办于 2015 年 8 月，提供大量精品 IT 技术图书和电子书，以及高品质技术文章和视频课程。更多详情请访问异步社区官网 https://www.epubit.com。

"异步图书"是由异步社区编辑团队策划出版的精品 IT 专业图书的品牌，依托于人民邮电出版社近 30 年的计算机图书出版积累和专业编辑团队，相关图书在封面上印有异步图书的 LOGO。异步图书的出版领域包括软件开发、大数据、人工智能、软件测试、前端、网络技术等。

异步社区

微信服务号

目录

第1章
前馈神经网络

对深度学习（或称神经网络）的探索通常从它在计算机视觉中的应用入手。计算机视觉属于人工智能领域，因深度学习技术而不断革新，并且计算机视觉的基础（光强度）是用实数来表示的，处理实数正是神经网络所擅长的。

以如何识别 0 到 9 的手写数字举例。如果从头解决这个问题，首先我们需要制作一个镜头来聚焦光线以成像，然后通过光传感器将光线转换成计算机可"感知"的电子脉冲，最后，由于使用的是数字计算机，需要将图片离散化，也就是说，将颜色和光强度通过二维数组表示出来。幸运的是，我们的在线数据集 Mnist（发音为"em-nist"）已经帮我们完成了图片离散化工作。（这里的"nist"是指美国国家标准技术研究所，此数据集由 nist 提供。）如图 1.1 所示，每张图片可用 28×28 的整数数组表示。为了适应页面，已删除左右边界区域。

	7	8	9	10	11	12	13	14	15	16	17	18	19	20
0	0	0	0	0	0	0	0	0	0	0	0	0	0	0
1	0	0	0	0	0	0	0	0	0	0	0	0	0	0
2	0	0	0	0	0	0	0	0	0	0	0	0	0	0
3	0	0	0	0	0	0	0	0	0	0	0	0	0	0
4	0	0	0	0	0	0	0	0	0	0	0	0	0	0
5	0	0	0	0	0	0	0	0	0	0	0	0	0	0
6	0	0	0	0	0	0	0	0	0	0	0	0	0	0
7	185	159	151	60	36	0	0	0	0	0	0	0	0	0
8	254	254	254	254	241	198	198	198	198	198	198	198	198	170
9	114	72	114	163	227	254	225	254	254	254	250	229	254	254
10	0	0	0	0	17	66	14	67	67	67	59	21	236	254
11	0	0	0	0	0	0	0	0	0	0	0	83	253	209
12	0	0	0	0	0	0	0	0	0	0	22	233	255	83
13	0	0	0	0	0	0	0	0	0	129	254	238	44	0
14	0	0	0	0	0	0	0	0	59	249	254	62	0	0
15	0	0	0	0	0	0	0	0	133	254	187	5	0	0
16	0	0	0	0	0	0	0	9	205	248	58	0	0	0
17	0	0	0	0	0	0	0	126	254	182	0	0	0	0
18	0	0	0	0	0	0	75	251	240	57	0	0	0	0
19	0	0	0	0	0	19	221	254	166	0	0	0	0	0
20	0	0	0	0	3	203	254	219	35	0	0	0	0	0
21	0	0	0	0	38	254	254	77	0	0	0	0	0	0
22	0	0	0	31	224	254	115	1	0	0	0	0	0	0
23	0	0	0	133	254	254	52	0	0	0	0	0	0	0
24	0	0	0	61	242	254	254	40	0	0	0	0	0	0
25	0	0	0	121	254	254	219	40	0	0	0	0	0	0
26	0	0	0	121	254	207	18	0	0	0	0	0	0	0
27	0	0	0	0	0	0	0	0	0	0	0	0	0	0

图 1.1　Mnist 中离散化的图片数据

图 1.1 中，0 表示白色，255 表示黑色，介于两者之间的数字表示灰色。这些数字被称为像素值，其中像素是计算机可处理图片的最小单位。像素所能展示的实际世界的"大小"取决于镜头，以及镜头与物体表面的距离等因素。但在这个例子里，我们不用考虑这些因素。图 1.1 中对应的黑白图片如图 1.2 所示。

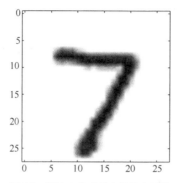

图 1.2　图 1.1 像素得出的黑白图片

仔细观察这张图片，我们会发现可以用一些简单的方法解决本例中的问题。例如，已知图片是数字"7"，则(8,8)处的像素点是暗的。同理，数字"7"的中间部分为白色，比如，(13,13)处的像素值为 0。数字"1"则不同，由于数字"1"的标准书写不占用左上角位置，而是在正中间部分，所以这两处的像素值与数字"7"相反。稍加思考，我们就能想出许多启发式规则（大部分情况下是有效的），并利用这些规则编写分类程序。

然而，这不是我们要做的。本书的重点是机器学习，也就是通过给定的样本和对应的正确答案让计算机进行学习。在本例中，我们希望程序通过学习给出的样本和正确答案（或称标签），学会识别 28×28 像素图片中的数字。在机器学习中，这被称为监督学习问题，准确地说，是全监督学习问题，即每个学习样本都对应有正确答案。在后面的章节中，会出现没有正确答案的情况，如第 6 章中的半监督学习问题，第 7 章的无监督学习问题。在这些章节中我们会具体讲解它们的工作机制。

如果忽略处理光线和物体表面的细节问题，就只需解决分类问题，即给定一组输入（通常称为特征），将产生这些输入（或具有这些特征）的实体，识别（或分类）为有限类。在本例中，输入是像素，分为十类。定义有 l 个输入（像素）的向量为 $\boldsymbol{x} = (x_1, x_2, \cdots, x_l)$，正确答案为 a。通常输入的是实数，正负均可，在本例中，为正整数。

1.1 感知机

我们从一个更简单的问题入手，创建一个程序来判断图片中的数字是否为 0。这是二分类问题，感知机是早期解决二分类问题的机器学习方法之一，如图 1.3 所示。

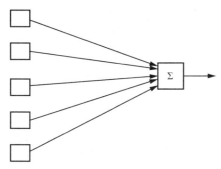

图 1.3 感知机原理图

感知机是神经元的简单计算模型。单个神经元（见图 1.4）通常由许多输入（树突）、一个细胞体和一个输出（轴突）组成。因此，感知机也有多个输入和一个输出。一个简单的感知机，在判断 28×28 像素图片中的数字是否为 0 时，需要有 784 个输入和 1 个输出，每个输入对应一个像素。为简化作图，图 1.3 中的感知机只有 5 个输入。

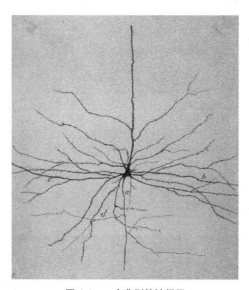

图 1.4 一个典型的神经元

一个感知机由一个权重向量 $w = (w_1, \cdots, w_l)$ 和一个偏置项 b 组成，其中权重向量的每个权值对应一个输入。w 和 b 称为感知机的参数。通常，我们用 $\boldsymbol{\Phi}$ 来表示参数集，$\varphi_i \in \boldsymbol{\Phi}$，$\varphi_i$ 是第 i 个参数。对于感知机，$\boldsymbol{\Phi} = \{w \cup b\}$。

感知机利用这些参数计算下列函数。

$$f_{\boldsymbol{\Phi}}(\boldsymbol{x}) = \begin{cases} 1 & \text{如果} b + \sum_{i=1}^{l} x_i w_i > 0 \\ 0 & \text{其他} \end{cases} \tag{1.1}$$

即，将每个感知机输入乘其对应权重值，并加上偏置项，若结果大于 0，返回 1，否则返回 0。感知机是二分类器，所以 1 表示 x 属于此类，0 则表示不属于。

将长度为 l 的两个向量的点积定义为式（1.2）。

$$\boldsymbol{x} \cdot \boldsymbol{y} = \sum_{i=1}^{l} x_i y_i \tag{1.2}$$

因此，我们可以将感知机运算函数简化如下：

$$f_{\boldsymbol{\Phi}}(\boldsymbol{x}) = \begin{cases} 1 & \text{如果} b + w \cdot x > 0 \\ 0 & \text{其他} \end{cases} \tag{1.3}$$

$b + w \cdot x$ 被称为线性单元，图 1.3 中，使用 $\sum$ 来标识。当涉及调整参数时，可将偏置项视为 w 中的一个权重，这个权重的特征值总是 1。这样，只需讨论调整 w 的情况。

我们关注感知机，是因为感知机算法可以根据训练样本找到 $\boldsymbol{\Phi}$，而且这种算法简单又鲁棒。我们用上标来区分样本，第 k 个样本的输入是 $\boldsymbol{x}^k = [x_1^k, \cdots, x_l^k]$，对应的答案是 a^k。在感知机这种二分类器中，答案是 1 或 0，表示是否属于该类。当分类有 m 类时，答案将是 0 到 $m-1$ 的一个整数。

有时可以将机器学习描述为函数逼近问题。从这个角度来看，单个线性单元感知机定义了一类参数化的函数。而感知机权重的学习，就是挑选出该类中最逼近解的函数，作为"真"函数进行计算，当给定任何一组像素值时，就能正确地判断图片是否为数字 0。

在机器学习研究中，假设我们至少有两组，当然最好是三组问题样本。第一组是训练集，它用于调整模型的参数。第二组是开发集（它也称为留出集或验证集），其在改进模型过程中用于测试模型。第三组是测试集，一旦模型固定了，（幸运的话）产生了良好的结果，我们就可以对测试集样本进行评估。测试集是为了防止在验证集上能够运行的程序在没见过的问题上不起作用。这些集合有时被称为语料库，比如"测试语料库"。我们使用的 Mnist 数据可以在网上获得，训练数据包括 60,000 幅图片及其对应的正确标签，验证集和测试集各有 10,000 幅图片和标签。

感知机算法的最大特点是，如果有一组参数值使感知机能够正确分类所有训练集，那么该算法一定会找到这组值。可惜的是对于大多数现实样本来说，并不存在这组参数值。但即使没有这组参数值，仍然有参数值可以使得样本识别正确率很高，就这一点来说，感知机的表现也极其出色。

该算法通过多次迭代训练集来调整参数以增加正确识别的样本数。如果训练时我们遍历了整个训练集发现不需要改变任何参数，那这组参数就是正确的，我们可以停止训练。然而，如果没有这组正确的参数，那么参数会一直改变。为了防止这种情况，我们在 N 次迭代后停止训练，其中 N 是程序员设置的系统参数。通常，N 随着要学习的参数总数增加而增加。我们要谨慎区分参数 $\boldsymbol{\Phi}$ 和其他与程序关联的参数，它们不属于 $\boldsymbol{\Phi}$，例如训练集的迭代次数 N，我们称后者为超参数。图 1.5 给出了该算法的伪代码，注意 Δx 一般是指"x 的变化"。

图 1.5 中最关键的两行是 2(a)i 和 2(a)ii，其中 a^k 等于 1 或 0，$a^k=1$ 表示图片属于这一类，等于 0 则表示不属于。2(a)i 行是指如果感知机的输出是正确的标签，就不用进行操作。2(a)ii 行则指定了如何改变权重 w_i，如果我们在每一个参数 w_i 上增加 $(a^k - f(x^k))x_i^k$，再次尝试这个样本，感知机误差会减少，甚至得出正确答案。

1. 将 b 和所有的 w 设为 0。

2. 进行 N 次循环或直到权重不再变化

(a) 对于每个训练样本 $\boldsymbol{x}^k$ 和其答案 a^k

i. 如果 $a^k - f(\boldsymbol{x}^k) = 0$，开始下个样本

ii. 否则对于所有的权重 w_i，$\Delta w_i = (a^k - f(\boldsymbol{x}^k))x_i^k$

图 1.5 感知机算法

我们需要尝试所有可能性，才能了解 2(a)ii 行的算法是如何增加正确率的。假设训练样本 $\boldsymbol{x}^k$ 属于该类，这意味着它的标签 $a^k = 1$。如果我们分类错误，那 $f(\boldsymbol{x}^k)$（感知机对第 k 个训练样本的输出）一定是 0，所以 $(a^k - f(\boldsymbol{x}^k)) = 1$，且对于所有的 i，$\Delta w_i = x_i^k$。因为所有像素值都 $\geqslant 0$，所以算法会增加权重，下一次运算后 $f(\boldsymbol{x}^k)$

会返回更大的值，从而减少了误差。（读者练习：在样本实际不在类别里但感知机却认为它属于该类的情况下，使用这个公式达到减少误差目的。）

我们将偏置项 b 视为一个虚拟特征 x_0 的权重，该特征值恒等于 1，上述讨论仍能成立。

让我们举一个小例子。这里我们只查看（并调整）四个像素的权重，分别是像素(7,7)（左上角中心位置）、像素(7,14)（上部中心位置）、像素(14,7)和像素(4,14)。通常方便的做法是对像素值进行归一化，使其介于 0 和 1 之间。假设我们的图片中的数字是 0，那么 $a = 1$，而这四个位置的像素值分别是 0.8、0.9、0.6 和 0。由于最初所有参数都为 0，计算第一幅图片的 $f(x)$，运算 $w \cdot x + b = 0$，得到 $f(x) = 0$，所以我们的图片被错误分类，$a - f(x) = 1$。因此，对权重 $w_{7,7}$ 进行运算，结果变为 $(0 + 0.8 \times 1) = 0.8$。同样，接下来的两个权重 $w_{7,14}$ 和 $w_{14,7}$ 变为 0.9 和 0.6。而中心像素权重保持为 0（因为那里的图像值为 0），偏置项变为 1.0。需要注意的是，如果我们第二次将同样的图片输入感知机，并使用新的权重，它会被正确分类。

假设下一幅图片不是数字 0，而是数字 1，且两个中心列的像素的值为 1，其他为 0。那么 $b + w \cdot x = 1 + 0.8 \times 0 + 0.9 \times 1 + 0.6 \times 0 + 0 \times 1 = 1.9$，即 $f(x) > 0$，感知机会将样本错误分类为 0，因此 $a^k - f(x^k) = 0 - 1 = -1$。我们根据 2(a)ii 行调整每个权重，因为像素值为 0，所以 $w_{7,7}$ 和 $w_{14,7}$ 不变，而 $w_{7,14}$ 现在变成了 $0.9 - 0.9 \times 1 = 0$（前一个值减去权重乘以当前像素值）。b 和 $w_{4,14}$ 的新值留给读者计算。

我们多次在训练集上进行迭代。将训练集过一遍被称为一轮。此外，请注意，如果训练集数据以不同的顺序呈现给程序，我们学习的权重会有所不同，良好的做法是让训练集数据在每轮中随机呈现。在 1.6 节中我们会再谈到这一点，不过为了刚入门的学生，我们省略了这些细节。

如果我们不是只创建一个感知机，而是为我们想要识别的每个类别都创建一个感知机，这样就将感知机扩展到多类别决策问题。比如，对于最初的 0～9 数字识别问题，我们可以创建 10 个感知机，每个数字一个，然后输出感知机预测值最高的类别。在图 1.6 中，我们展示了三个感知机如何识别三类物体之一的图片。

虽然图 1.6 中三个感知机看起来关联紧密，但实际上它们是独立的，只共享相同的输入。多类别感知机输出的答案是输出最高值的线性单元的对应数字，所有感知机都是独立于其他感知机接受训练，使用的算法与图 1.5 所示完全相同。

因此，给定图片和标签，我们对 10 个感知机运行感知机算法步骤 2(a)共 10 次。如果标签是 5，但是得出最高值的感知机对应数字 6，那么对应数字 0 到 4 的感知机不会改变它们的参数（因为它们正确地给出了不是这一类或者是这一类的判断）。对应数字 6 到 9 的感知机也是如此。另一方面，由于感知机 5 和 6 报告了错误的判断，它们要改变参数。

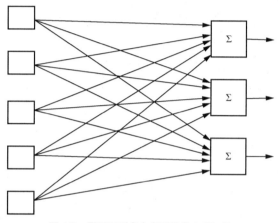

图 1.6　用于识别多个类别的多个感知机

1.2　神经网络的交叉熵损失函数

在初期，对神经网络的讨论（以下简称为 NN）伴随着类似于图 1.6 所示的图表，这类图表强调了各个计算元素（线性单元）。如今，我们预计这类元素的数量会很大，所以我们讨论的是以层为单位的计算。层即为一组存储或计算单元，各层并行工作并将值传递给另一层。图 1.7 所示是图 1.6 强调了层视图的版本，它显示了输入层到计算层的传递过程。

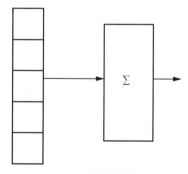

图 1.7　神经网络层

神经网络可能有许多层，每个层的输出都是下一层的输入。层的堆叠结构便是"深度学习"中的"深度"由来。

然而，多层堆叠的感知机工作效果不佳，所以我们需要另一种方法学习如何改变权重。在本节中，我们探讨如何使用最简单的网络——前馈神经网络，和相对简单的学习技术——梯度下降，以达到改变权重的目的。一些研究人员将用梯度下降训练的前馈神经网络称为多层感知机。

在我们讨论梯度下降之前，我们首先需要讨论损失函数。损失函数是从模型输出得到输出结果有多"坏"的函数。在学习模型参数时，我们的目标是将损失最小化。如果对于训练样本我们得到了正确的结果，则感知机的损失函数值为零，如果不正确，则为1，这被称为0-1损失。0-1损失的优点让我们有足够的理由使用它，但它也有缺点，它不适用于梯度下降学习，因为梯度下降学习的基本思想是根据以下式子修改参数。

$$\Delta \varphi_i = -\mathcal{L} \frac{\partial L}{\partial \varphi_i} \qquad (1.4)$$

这里的 $\mathcal{L}$ 是学习率，它是实数，用来衡量我们改变参数的程度。损失 L 相对于参数的偏导数是非常重要的，换句话说，如果我们能发现参数是如何影响损失的，就可以改变参数来减少损失（所以 $\mathcal{L}$ 前有符号−）。在我们的感知机中，或者说在神经网络中，输出是由模型参数 $\boldsymbol{\Phi}$ 所决定的，所以在此类模型中，损失是函数 $L(\boldsymbol{\Phi})$。

说得更形象一点，假设我们的感知机只有两个参数，我们可以想象一个具有轴 φ_1 和 φ_2 的欧几里德平面，平面中每个点的上方（或下方）都标有损失函数值。假设参数的当前值分别为 1.0 和 2.2，观察 L 在点(1,2.2)的行为。当 φ_2=2.2 时，图 1.8 的切面显示了作为 φ_1 函数的虚拟损失的运动轨迹。当 φ_1=1 时，切线的斜率约为$-\frac{1}{4}$。如果学习率 $\mathcal{L}$ = 0.5，那么根据式（1.4），加上(−0.5) ×($-\frac{1}{4}$) =0.125，即，向右移动约 0.125 个单位，可以减少损失。

式（1.4）有效的前提是，损失必须是参数的可微函数，0-1损失却不是。假设将我们犯错误的数量作为某个参数 φ 的函数，开始我们只在一个样本上评估我们的感知机，结果得到错误答案。如果我们继续增加 φ（或者减少 φ），并且重复足够多次，$f(\boldsymbol{x})$ 最终会改变它的值，我们就可以得到正确的结果。所以当我们看函数图像时，会看到一个阶跃函数，但是阶跃函数是不可微的。

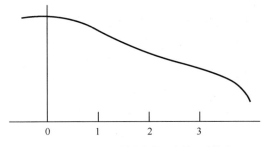

图 1.8　作为 φ_1 函数的虚拟损失的运动轨迹

　　当然，还有其他的损失函数。最常用的是交叉熵损失函数，它最接近"标准"的损失函数。在本节中，我们将解释交叉熵损失函数是什么，以及我们的网络将如何计算这个函数。下一节使用它进行参数学习。

　　图 1.6 中的网络输出一个向量，向量中的每个元素值为一个线性单元的输出，我们选择最高输出值对应的类别，接着改变该网络，使得输出的数字是各类的（估计的）概率分布。在本例中，正确分类的概率是随机变量 C，$C=c$，其中 $c\in\{0,1,2,\cdots,9\}$。概率分布是一组总和为 1 的非负数，目前该网络可以输出数字，但它们一般同时包括正数和负数。幸运的是，softmax 函数可以简单地将一组数字转换成概率分布，该函数公式如下：

$$\sigma(\boldsymbol{x})_j = \frac{\mathrm{e}^{x_j}}{\sum\limits_i \mathrm{e}^{x_i}} \tag{1.5}$$

　　softmax 可以保证返回一个概率分布，因为即使 x_i 是负数，e^{x_i} 也是正数，并且所有值加和为 1，因为分母是所有可能值之和。例如，$\sigma([-1,0,1])\approx[0.09,0.244,0.665]$。要注意一个特殊情况是，神经网络到 softmax 的输入都为 0。当 $\mathrm{e}^0 = 1$，如果有 10 个选项，所有选项的概率会是 $\frac{1}{10}$。推而广之，如果有 n 个选项，概率即为 $\frac{1}{n}$。

　　"softmax"之所以得名，是因为它是"max"函数的"软"（soft）版本。max 函数的输出完全由最大输入值决定，softmax 的输出主要但不完全由最大值决定。很多机器学习函数以"softX"的形式命名，意味着 X 的输出"被软化"。

　　图 1.9 显示了添加了 softmax 层的网络。左边输入的数字是图片像素值，添加 softmax 层之后，右边输出的数字是类别概率。离开线性单元进入 softmax 函数的数字通常称为 logit，这是术语，用来指即将使用 softmax 转化为概率的、没

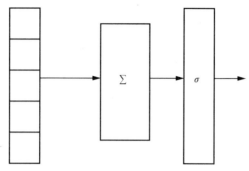

图 1.9 具有 softmax 层的简单网络

有标准化过的数字（"logit" 有多种发音方式，最常用的发音是 "LOW-git"）。我们用 l 来表示多个 logit 的向量（每个类别对应一个 logit），公式如下：

$$p(l_i) = \frac{e^{l_i}}{\sum_j e^{l_j}} \qquad (1.6)$$

$$\propto e^{l_i} \qquad (1.7)$$

公式的第二行是指，由于 softmax 函数的分母是一个标准化常数，以确保这些数字总和为 1，所以概率与 softmax 的分子成比例。

现在我们可以定义交叉熵损失函数 X，

$$X(\boldsymbol{\Phi}, \boldsymbol{x}) = -\ln p_{\boldsymbol{\Phi}}(a_x) \qquad (1.8)$$

样本 $\boldsymbol{x}$ 的交叉熵损失是 $\boldsymbol{x}$ 对应标签的概率的负对数。换句话说，我们用 softmax 计算所有类别的概率，然后找出正确答案，损失是这个数字的概率的负对数。

该公式的合理性如下所述：它朝着正确的方向前进。如果 X 是一个损失函数，模型越差，函数结果应该越大，模型越好，结果越小。而一个改进过的模型应该为正确答案得到更高的概率，所以我们在前面加上一个减号，这样随着概率的增加，这个数字会变得越来越小。数字的对数随着数字的增加/减小而增加/减小。因此，相较于好参数，$X(\boldsymbol{\Phi}, \boldsymbol{x})$ 输入坏参数得到的结果会更大。

但是为什么要使用对数？一般认为对数可以缩小数字之间的距离，比如，$\log(10{,}000)$ 和 $\log(1{,}000)$ 之间的差异是 1。有人认为这是损失函数的一个缺点：它会让糟糕的情况看起来不那么糟糕。对数的这种特征是有误导性的，随着 X 越来越大，$\ln(X)$ 却不会以同样的程度增加，但考虑图 1.10 中的 $-\ln(X)$，当 X 变为 0 时，对数的变化比 X 的变化大得多。由于我们处理的是概率，这才是我们要关心的区域。

为什么这个函数被称为交叉熵损失函数？在信息论中，当概率分布在逼近某个真实分布时，这两个分布的交叉熵用于测量它们之间的差异，交叉熵损失是交叉熵的负值的近似值。这只是比较浅显的解释，因为信息论不是本书重点，所以不再深入讨论。

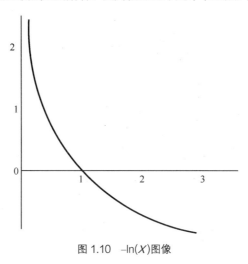

图 1.10 $-\ln(X)$图像

1.3 导数与随机梯度下降

现在我们有了损失函数，可以用下面的公式来计算它。

$$X(\boldsymbol{\Phi}, \boldsymbol{x}) = -\ln p(a) \tag{1.9}$$

$$p(a) = \sigma_a(\boldsymbol{l}) = \frac{e^{l_a}}{\sum_i e^{l_i}} \tag{1.10}$$

$$l_j = b_j + \boldsymbol{x} \cdot \boldsymbol{w}_j \tag{1.11}$$

我们首先根据式（1.11）计算 logit $\boldsymbol{l}$，然后根据式（1.10）将这些 logit 通过 softmax 层来计算概率，接着根据式（1.9）计算损失，即正确答案概率的负自然对数。请注意，之前线性单元的权重表示为 $\boldsymbol{w}$，但现在我们有许多这样的单元，所以 $\boldsymbol{w}_j$ 是第 j 个单元的权重，b_j 是该单元的偏置项。

这个从输入到损失的计算过程被称为学习算法的前向传递，它计算在权重调整过程即反向传递中将要使用的值。该值可以使用多种方法进行计算，这里我们使用随机梯度下降法。"梯度下降"这个术语源于损失函数的斜率（它的梯度），然后使系统跟随梯度降低其损失（下降）。整个学习方法通常被称为反向传播。

我们先举个最简单的例子，对某个偏置项 b_j，如何进行梯度估计。从式（1.9）～式（1.11）中可以看出，通过先后改变 l_j 的值和概率，b_j 改变了损失。让我们分步做这件事。在本例中，我们只考虑由单个训练样本引起的错误，所以我们将 $X(\boldsymbol{\Phi}, \boldsymbol{x})$ 写为 $X(\boldsymbol{\Phi})$。首先，

$$\frac{\partial X(\boldsymbol{\Phi})}{\partial b_j} = \frac{\partial l_j}{\partial b_j} \frac{\partial X(\boldsymbol{\Phi})}{\partial l_j} \tag{1.12}$$

该公式使用链式法则来表达前述内容——b_j 的变化会导致 X 的变化，这是因为 b_j 的变化会引起 l_j 的变化。

现在看式（1.12）右边的一阶偏导数。事实上，它的值恒等于 1。

$$\frac{\partial l_j}{\partial b_j} = \frac{\partial}{\partial b_j}\left(b_j + \sum_i x_i w_{i,j}\right) = 1 \tag{1.13}$$

其中，$w_{i,j}$ 是第 j 个线性单元的第 i 个权重。因为在 $b_j + \sum_i x_i w_{i,j}$ 中，作为 b_j 的函数变化的只有 b_j 本身，所以导数是 1。

接下来，我们考虑 X 作为 l_j 的函数是如何变化的。

$$\frac{\partial X(\boldsymbol{\Phi})}{\partial l_j} = \frac{\partial p_a}{\partial l_j} \frac{\partial X(\boldsymbol{\Phi})}{\partial p_a} \tag{1.14}$$

其中 p_i 是网络分配给 i 类的概率。这说明，因为 X 只取决于正确答案的概率，所以 l_j 只通过改变这个概率来影响 X。反过来，

$$\frac{\partial X(\boldsymbol{\Phi})}{\partial p_a} = \frac{\partial}{\partial p_a}(-\ln p_a) = -\frac{1}{p_a} \tag{1.15}$$

（来自基础微积分）。

还剩下一个项有待估值。

$$\frac{\partial p_a}{\partial l_j} = \frac{\partial \sigma_a(\boldsymbol{l})}{\partial l_j} = \begin{cases} (1 - p_j)p_a & a = j \\ -p_j p_a & a \neq j \end{cases} \tag{1.16}$$

式（1.16）的第一个相等表示我们通过计算 logit 的 softmax 函数来获得概率，第二个相等来自维基百科。公式推导需要仔细梳理各项，所以在这里我们不做推导，但我们仍可以得出它的合理性。我们来看 logit 的向量值 l_j 的变化如何影响 softmax 函数得出的概率，可以查看以下公式。

$$\sigma_a(\boldsymbol{l}) = \frac{e^{l_a}}{\sum_i e^{l_i}}$$

分为两种情况。假设 logit 正在变化的 j 不等于 a，也就是说，假设这是一张数字 6 的图片，但是我们计算的是 logit 8 对应的偏置。在这种情况下，式中 l_j 只出现在分母中，导数应该是负的（或 0），因为 l_j 越大，p_a 越小。这就对应式（1.16）中的第二种情况，当然，式（1.16）中会产生一个小于或等于 0 的数字，因为两个概率相乘不会为负。

另一方面，如果 $j = a$，则式中 l_j 同时出现在分子和分母中。它在分母中的出现会导致结果变小，但是在这种情况下，分子的增加会抵消掉结果的变小。因此，在这种情况下，我们期望一个正导数（或 0），这是式（1.16）的第一种情况。

有了这个结果，我们现在可以推导出修正偏置参数 b_j 的公式。将式（1.15）和式（1.16）代入式（1.14），我们可以得到

$$\frac{\partial X(\boldsymbol{\Phi})}{\partial l_j} = -\frac{1}{p_a} \begin{cases} (1-p_j)p_a & a=j \\ -p_j p_a & a \neq j \end{cases} \tag{1.17}$$

$$= \begin{cases} -(1-p_j) & a=j \\ p_j & a \neq j \end{cases} \tag{1.18}$$

剩下的很简单。我们在式（1.12）中指出

$$\frac{\partial X(\boldsymbol{\Phi})}{\partial b_j} = \frac{\partial l_j}{\partial b_j} \frac{\partial X(\boldsymbol{\Phi})}{\partial l_j}$$

右边第一个导数值为 1。因此，损失相对于 b_j 的导数可由式（1.14）算出。最后，使用改变权重的规则式（1.12），我们得到了更新神经网络偏置参数的规则。

$$\Delta b_j = \mathcal{L} \begin{cases} (1-p_j) & a=j \\ -p_j & a \neq j \end{cases} \tag{1.19}$$

改变权重参数的公式是式（1.19）的变体。与式（1.12）对应的权重公式为

$$\frac{\partial X(\boldsymbol{\Phi})}{\partial w_{i,j}} = \frac{\partial l_j}{\partial w_{i,j}} \frac{\partial X(\boldsymbol{\Phi})}{\partial l_j} \tag{1.20}$$

首先，请注意最右边的导数与式（1.12）中的导数相同。这意味着，在权重调整阶段，当我们更改偏置时，应当保存结果以复用。右边两个导数的第一个导数估值为

$$\frac{\partial l_j}{\partial w_{i,j}} = \frac{\partial}{\partial w_{i,j}}(b_j + (w_{1,j}x_1 + \cdots + w_{i,j}x_i + \cdots)) = x_i \qquad (1.21)$$

如果我们牢记偏置仅仅是一个权重，其对应的特征值恒等于 1，我们就可以推导出这个公式，运用这个新的"伪权重"就可以立即从式（1.21）推导出式（1.13）。

使用这个结果可以更新权重公式。

$$\Delta w_{i,j} = -\mathcal{L}x_i \frac{\partial X(\boldsymbol{\Phi})}{\partial l_j} \qquad (1.22)$$

我们现在已经推导出如何根据一个训练样本调整我们模型的参数。梯度下降算法会让我们遍历所有的训练样本，记录每个样本对参数值修正的建议，但在我们完成遍历所有样本之前，不会实际改变参数。我们通过各个样本得到的修正量加和来修改每个参数。

这个算法的缺点是非常慢，尤其是当训练集特别大的时候。我们通常需要经常调整参数，因为根据特定样本的结果，每个参数有增有减时，它们会以不同的方式相互作用。因此，在实践中，我们几乎不使用梯度下降，而是使用随机梯度下降。随机梯度下降中，每 m 个样本更新一次参数，然而 m 个样本比训练集小得多。一个典型的 m 值是 20。这被称为批大小。

通常，批越小，学习率 $\mathcal{L}$ 应该设置得越小。因为任何一个样本都会以牺牲其他样本为代价，将权重推向其正确的分类。如果学习率低，不会有太大影响，因为对参数所做的改变相对较小。相反，对于较大批量样本，我们会在 m 个不同的样本上取平均值，所以参数不会向单个样本的特性过于倾斜，对参数的改变可以更大。

---

1. 对于从 0 到 9 的 j，随机设置 b_j（但是需要接近 0）

2. 对于从 0 到 9 的 j 和从 0 到 783 的 i，以类似方法设置 $w_{i,j}$

3. 直到验证集精度停止增长

　（a）在 m 个样本组成的批中，对于单个训练样本 k，

　　　i. 使用式（1.9）、式（1.10）和式（1.11）进行正向传递

　　　ii. 使用式（1.22）、式（1.19）和式（1.14）进行反向传递

　　　iii. 每 m 个样本，用修正量的加和修改 $\boldsymbol{\Phi}$ 所有的参数

　（b）通过在验证语料库中的所有样本上运行前向传递来计算模型的精度

4. 在验证集精度降低之前，输出迭代的 $\boldsymbol{\Phi}$ 值。

图 1.11　使用简单的前馈网络进行数字识别的伪代码

1.4 编写程序

我们已经全面了解了神经网络程序的内容。图 1.11 所示是伪代码，其中第一行内容是我们的首要操作——初始化模型参数。有些情况下我们可以将初始值设为 0，就像我们在感知机算法中所做的那样。虽然我们在本例中可以这么设置，但可能不适用于其他情况。一般的做法是随机设置权重接近于 0。还可以通过给 Python 随机数生成器一个种子，这样在调试时，参数可以设置为相同的初始值，就可以得到完全相同的输出。如果没有给种子，Python 会使用环境中的数字作为种子，比如时间的最后几位数字。

请注意，在训练的每一次迭代中，我们首先修改参数，然后在验证集上运行模型来查看当前这组参数的表现。当在验证样本运行时，我们不会执行反向训练。如果打算将我们的程序用于某个实际用途（例如，读取邮件上的邮政编码），我们看到的样本并不是我们训练的样本，因此我们想知道程序的实际效果。我们的验证数据就是实际情况的近似。

一些经验可以派上用场。首先，像素值不要太偏离−1 到 1 这个区间。在本例中，因为原始像素值是 0 到 255，我们只需将它们除以 255，这个过程叫作数据规范化。虽然不是硬性规定，但是将输入保持在−1 到 1 或者 0 到 1 是有意义的，在式（1.22）中，我们可以看到这一点。观察式（1.22）可以发现，调整同一个输入对应的偏置项和权重的公式之间的区别在于后者有乘法项 x_i，即输入项的值。在上一节我们说过，如果我们假设偏置项只是一个权重项，其输入值总是 1，那么用于更新偏置参数的方程就会从式（1.22）中消失。因此，如果我们不修改输入值，并且其中一个像素的值为 255，那么我们修改权重值会是修改偏置参数的 255 倍。这种情况比较古怪，因为我们没有先验理由认定权重值比偏置参数需要更多的修正。

接下来要设定学习率 $\mathcal{L}$，这是比较复杂的。这里，我们把学习率设定为 0.0001。要注意，比起设置过小，$\mathcal{L}$ 设置得过大会产生更加糟糕的结果。如果设置值过大，softmax 函数会得出一个数学溢出错误。再看式（1.5），首先应该想到的是分子和分母的指数。如果学习率过大，那么某个 logit 可能会变大，而 e（≈2.7）的指数过高的时候一定会溢出。即使没有错误警告，过高的学习率也会导致程序在学习曲线的无意义区域徘徊。

因此，标准做法是在进行计算时，观察个别样本的损失。首先从第一张训练图片开始。这些数字通过神经网络输出到 logit 层。所有的权重和偏置都是接近 0 的数字（比如 0.1）。这意味着所有的 logit 值都非常接近于 0，所以所有的概率都非常接近 $\frac{1}{10}$（见式（1.5）的讨论）。损失是正确答案概率的负自然对数，即$-\ln\left(\frac{1}{10}\right) \approx 2.3$。我们预计总体趋势是，随着训练的样本增多，单个损失会下降。但是，也有一些图片并不是那么规范，神经网络分类的确定性更低。因此，单个损失既有上升的情况也有下降的情况，这种趋势可能难以辨别。所以我们不是一次打印一个损失，而是将所有损失相加，然后比如每 100 批打印一次平均值。应该能够观察到平均值明显降低，虽然可能会有抖动。

回到关于学习率和其设置过高的风险讨论，太低的学习率也会降低程序收敛到一组好参数的速度。所以开始时用较低的学习率，而后尝试更大的值通常是最好的做法。

由于很多参数都在同时变化，神经网络算法很难调试。想要完成调试，需要在程序错误出现之前尽可能少地改变一些元素。首先，当我们修改权重时，如果立即再次运行相同的训练样本，损失会更少。如果损失没有减少，可能是有以下两个原因：第一，程序出现错误或学习率设置得太高；第二，不需要改变所有的权重来减少损失，可以只改变其中一个，或者一组。例如，当你第一次运行算法时，只需改变偏置。然而，单层网络中的偏置很大程度上会捕捉到不同的类别以不同的频率出现。这在 Mnist 数据中并不多见，所以在这种情况下，我们仅通过学习偏置并不会有太大改善。

如果程序运行正常，可以获得约 91% 或 92% 的验证数据精度（accuracy）。这个结果并不是很好，但这是一个开始。在后面的章节中，我们将学习如何达到约 99% 的精度。

简单神经网络有一个好处，那就是有时我们可以直接解释各个参数的值，并判断它们是否合理。在我们讨论图 1.1 时，像素点(8,8)是暗的，它的像素值为 254，这在某种程度上可以判断图片是数字 7，而不是数字 1，因为数字 1 通常不占据左上角的空间。我们可以将这一观察转化为对权重矩阵 w_{ij} 中值的预测，其中 i 是像素数，j 是答案数。如果像素值是从 0 到 784，那么位置(8,8)的像素值是 $8 \times 28 + 8 = 232$，并且连接像素值和数字 7（正确答案）的权重将是 $w_{232,7}$，而连接像素值和数字 1 的权重是 $w_{232,1}$。也就是说，$w_{232,7}$ 应该比 $w_{232,1}$ 大。我们用低方差随机初始化权重的方法分别运行了几次训练程序，每一次都得到前者为正数（比如

0.25），而后者为负数（比如−0.17）。

1.5 神经网络的矩阵表示

线性代数提供了另一种表示神经网络中运算的方法：使用矩阵。矩阵是元素的二维数组。在我们的例子中，这些元素是实数。矩阵的维度分别是行数和列数，所以 l 行 m 列矩阵如下所示：

$$X = \begin{pmatrix} x_{1,1} & x_{1,2} \cdots x_{1,m} \\ x_{2,1} & x_{2,2} \cdots x_{2,m} \\ \vdots & \vdots \\ x_{l,1} & x_{l,2} \cdots x_{l,m} \end{pmatrix} \tag{1.23}$$

矩阵的主要运算是加法和乘法。两个矩阵（必须具有相同维度）的相加是每个矩阵元素相加。也就是说，如果 Y 和 Z 两个矩阵相加，即 $X = Y + Z$，那么 $x_{i,j} = y_{i,j} + z_{i,j}$。

两个矩阵相乘 $X = YZ$ 表示维度为 $l \times m$ 的矩阵 Y 和维度为 $m \times n$ 的矩阵 Z 相乘，结果是维度为 $l \times n$ 的矩阵 X，其中，

$$x_{i,j} = \sum_{k=1}^{k=m} y_{i,k} z_{k,j} \tag{1.24}$$

举一个例子，

$$(1\ 2)\begin{pmatrix} 1\ 2\ 3 \\ 4\ 5\ 6 \end{pmatrix} + (7\ 8\ 9) = (9\ 12\ 15) + (7\ 8\ 9)$$
$$= (16\ 20\ 24)$$

我们可以使用矩阵乘法和加法的组合来定义线性单元的运算，特别是输入特征是一个 $1 \times l$ 的矩阵 X。在前述的数字识别问题中，$l = 784$，像素单元对应的权重是 W，即 $w_{i,j}$ 是单元 j 的第 i 个权重。所以 W 的维度是像素数乘数字个数，即 784×10。B 是长度为 10 的偏置向量，并且

$$L = XW + B \tag{1.25}$$

其中 L 是长度为 10 的 logit 向量。确保维度对应是使用该公式的前提。

现在，前馈 Mnist 模型的损失（ L ）可以用如下公式表示。

$$\Pr(A(x)) = \sigma(xW + b) \tag{1.26}$$

$$L(x) = -\log(\Pr(A(x) = a)) \qquad (1.27)$$

其中，第一个公式给出了可能类别 $A(x)$ 上的概率分布，第二个公式确定了交叉熵损失。

我们也可以更简洁地表示反向传递。首先，我们引入梯度运算符。

$$\nabla_l X(\boldsymbol{\Phi}) = \left(\frac{\partial X(\boldsymbol{\Phi})}{\partial l_1} \cdots \frac{\partial X(\boldsymbol{\Phi})}{\partial l_m} \right) \qquad (1.28)$$

倒三角形 $\nabla_x f(\boldsymbol{x})$ 表示通过对 $\boldsymbol{x}$ 中的所有值取 f 的偏导数而得到的向量。之前我们讨论了单个 l_j 的偏导数，这里，我们将所有 $\boldsymbol{l}$ 的导数定义为单个导数的向量。此外，矩阵的转置是指矩阵行和列间的转换。

$$\begin{pmatrix} x_{1,1} & x_{1,2} \cdots x_{1,m} \\ x_{2,1} & x_{2,2} \cdots x_{2,m} \\ \vdots & \vdots \\ x_{l,1} & x_{l,2} \cdots x_{l,m} \end{pmatrix}^{\mathrm{T}} = \begin{pmatrix} x_{1,1} & x_{2,1} \cdots x_{l,1} \\ x_{1,2} & x_{2,2} \cdots x_{l,2} \\ \vdots & \vdots \\ x_{1,m} & x_{2,m} \cdots x_{l,m} \end{pmatrix} \qquad (1.29)$$

有了这些，我们可以将式（1.22）改写为

$$\Delta W = -\mathcal{L} X^{\mathrm{T}} \nabla_l X(\boldsymbol{\Phi}) \qquad (1.30)$$

根据公式右半部，我们将 784×1 矩阵乘以 1×10 矩阵，得到一个 784×10 的矩阵，这就是 784×10 权重矩阵 $\boldsymbol{W}$ 的变化量。

矩阵表示法可以清楚地描述输入层进入线性单元层生成 logit，以及损失导数传回参数变化量的运算过程。除此之外，使用矩阵符号还有一个更为实用的原因。当进行大量线性单元运算时，一般线性代数运算，特别是深度学习训练可能非常耗时。而很多问题可以用矩阵符号法表示，许多编程语言都有特殊的包，允许你使用线性代数结构进行编程，并且经过优化的包也比手动编码更有效率。特别是在 Python 中编程，使用 NumPy 包及其矩阵运算操作，可以得到一个数量级的加速。

此外，线性代数还可以应用于计算机图形学和游戏程序，这就产生了称为图形处理单元即 GPU 的专用硬件。GPU 相对于 CPU 较慢，但 GPU 有大量处理器，以及用于并行线性代数计算的软件。神经网络的一些专用语言（例如 Tensorflow）有内置软件，可以感知 GPU 的可用性，并在不改变代码的情况下使用 GPU。这通常又会使速度提升一个数量级。

在本例中，采用矩阵符号还有第三个原因。如果我们并行处理若干训练样本，

专用软件包（如 NumPy）和硬件（GPU）效率会更高。此外，矩阵符号法符合我们之前提出的思想：在更新模型参数之前处理 m 个训练样本（批大小）。通常做法是将 m 个训练样本全都输入矩阵中，一起运行。在式（1.25）中，我们将图片 x 想象成大小为 1×784 的矩阵，这是一个训练样本，有 784 个像素点。现在我们将矩阵维度变为 m×784，即使不改变处理方法（必要的更改已经内置到例如 NumPy 和 Tensorflow 等软件包和语言中），矩阵仍旧能够工作。让我们来看看为什么。

首先，矩阵乘法 XW 中的 X 现在已经从 1 行变为 m 行。1 行是 1×784，那么 m 行即为 m×784。根据线性代数中矩阵乘法的定义，可以看作我们对每一行进行乘法，然后将它们叠在一起，得到 m×784 矩阵。

在公式中加上偏置项就不像这样可以直接计算。我们说过矩阵加法要求两个矩阵具有相同的维度，但式（1.25）中的两矩阵维度不相等了，XW 现在的维度大小是 m ×10，而偏置项 B 的维度大小为 1 ×10，需要进行改变。

NumPy 和 Tensorflow 都有广播机制。当一些矩阵的大小不符合算术运算要求的大小时，可以对矩阵大小进行调整。比如某个矩阵维度为 1×n，而我们需要的是 m×n 维度的矩阵，矩阵会获得由其单行或单列组成的 m−1 份（虚拟）副本，使维度符合要求。这使得 B 的维度大小变为 m ×10，这样我们就可以将偏置项加到乘法输出 m×10 中的所有项上。在数字识别问题中，回忆一下当维度是 1×10 的时候我们如何加偏置项。每一个数字都可能是正确答案，我们对每个数字的决策增加了偏置项。现在我们也要增加偏置项，但这次是针对所有的决策和 m 个样本，并行增加偏置项。

1.6　数据独立性

如果独立同分布（iid）假设成立，即我们的数据是独立同分布的，那么神经网络模型会收敛到正确的解。宇宙射线的测量是一个典型的例子，射入的光线和所涉及的过程是随机和不变的。

而我们的数据很少（几乎没有）是独立同分布的——除非国家标准协会提供源源不断的新样本。训练时第一轮的数据是独立同分布的，但从第二轮开始的数据就与第一轮完全相同，独立同分布假设不成立。有时我们的数据从第二个训练样本开始就无法做到独立同分布，这在深度强化学习（第 6 章）中很常见，因此，在深度强化学习中，网络经常出现不稳定，导致无法收敛到正确的解，有时甚至无法收敛到任何解。我们认为，如果一个较小的数据集以非随机顺序输入数据，就可能产生灾难性的结果。

假设对于每个 Mnist 图片，我们都添加了第二个形状相同但黑白相反的图片，即，如果原始图片的像素值为 v，则反图片的像素值为$-v$。我们现在在这个新的语料库上训练 Mnist 感知机，但是使用了不同的输入顺序（我们假设批大小是某个偶数）。在第一个顺序中，每个原始 Mnist 数字图片后面紧跟着它的相反版本。我们认为（我们通过实验验证了这一点），简单 Mnist 神经网络不会比随机猜测的结果更好。这似乎是合理的。首先，反向传递修改了原始图片权重，然后处理第二个反图片。由于反图片的输入是原始图片的负数，且其他元素完全相同，所以对反图片权重的修改完全抵消了原始图片权重的修改。因此在训练结束时，所有权重都没有改变。这也意味着没有学习，参数和随机初始化的一样。

另一方面，学习独立处理每个数据集（原始数据集和相反数据集）真的不应该有太多的困难，而且即使是学习合起来的数据集的权重，难度也不应该太大。实际上，简单地随机化输入顺序就可以使性能恢复到接近原始问题的水平。如果有 10,000 个样本，在这 10,000 个样本之后，权重已经发生了很大的变化，所以相反的图片并不能完全抵消原来的学习。但如果我们有一个无穷无尽的图片来源，并且抛硬币来随机决定原始图片或反图片输入神经网络的顺序，那么这些抵消就会完全消失。

1.7　参考文献和补充阅读

在本节和后续章节的"参考文献和补充阅读"部分，我会完成以下几点：（a）给学生指定该章节主题的后续阅读材料；（b）阐述该领域的一些重要贡献；（c）引用参考资料。我不能保证所有内容的完整性或客观性，特别针对（b）条目。在准备写这一部分时，我开始阅读神经网络的历史文章，特别是 Andrey Kurenkov [Kur15][1]的一篇博客文章，以检查我的记忆是否准确（并丰富其内容）。

早期研究神经网络的一篇重要论文由 McCulloch 和 Pitts [MP43]于 1943 年撰写，他们提出了本书所说的线性单元作为单个神经元的正式模型。然而，他们没有提出一个可以训练单个或多个神经元完成任务的学习算法，这类学习算法最早由 Rosenblatt 在其 1958 年的感知机论文[Ros58]中提出。然而，正如我们在文中

---

[1] 说明：本书中的参考文献在正文中出现时，采用作者姓名首字母缩写加年份缩写的形式，如[Kur15]是指 Kurenkov 于 2015 年发表的文献，[MP43]是指 McCulloch 和 Pitts 于 1943 年发表的文献，[BCP+88]是指 Brown、Cocke 和 Pietra 等人于 1988 年发表的文献，其余类推。

指出的，他的算法只适用于单层神经网络。

下一个重大贡献是反向传播的发明，它适用于多层神经网络。当时，许多研究人员都在几年间独立得出了这个方法（只有当最初的论文没有引起足够的注意，其他人尚未发现问题已经解决时，这种情况才会发生）。Rumelhart、Hinton和 Williams 的论文结束了这一时期，他们明确指出三人的论文是对该发明的重新发现[RHW86]。三人的这篇论文来源于圣地亚哥大学的一个小组，该小组撰写了大量论文，推动了并行分布式处理（PDP）下神经网络的第二次研究热潮。这些论文组成了两卷合集，在神经网络领域颇有影响力[RMG+87]。

至于我是如何学习神经网络的，我在后面的章节中给出了更多的细节。在本章中，我要介绍一篇博客和两本书。Steven Miller [Mil15]的一篇博客用一个很棒的数字例子详细介绍了反向传播的前向传递和反向传递。还有两本我查阅过的神经网络教科书，一本是 Ian Goodfellow、Yoshua Bengio 和 Aaron Courville 的《深度学习》[GBC16]，第二本是由 Aurélien Géron [Gér17]编写的《机器学习实战：基于 Scikit-Learn 和 Tensorflow》。

1.8 习题

练习 1.1 思考批大小为 1 的前馈 Mnist 程序。假设我们在第一个样本训练前后观察偏置变量。如果它们设置正确（即我们的程序中没有错误），请描述你在偏置值中看到的变化。

练习 1.2 假设图片有两个像素，且为二值（像素值为 0 或 1），没有偏置参数，讨论一个二分类问题。（a）当像素值为(0,1)且权重为

$$0.2 \quad -0.3$$
$$-0.1 \quad 0.4$$

时，计算前向传递的 logit 和概率。这里 $w[i,j]$ 是第 i 个像素和第 j 个单元之间连接的权重，例如，$w[0,1]$在这里等于-0.3。（b）假设正确答案是 1（而不是 0），学习率为 0.1，损失是多少？并计算反向传递时的 $\Delta w_{0,0}$。

练习 1.3 当图片像素值是(0,0)时，回答练习 1.2 的问题。

练习 1.4 一个同学问你："在初等微积分中，我们通过对一个函数求微分，将结果表达式设置为 0，并求解方程，找到它的最小值。既然我们的损失函数是

可微的, 为什么我们不用同样的方法, 而使用梯度下降呢? "解释为什么不行。

练习 1.5 计算以下内容。

$$\begin{pmatrix} 1 & 2 \\ 3 & 4 \end{pmatrix} \begin{pmatrix} 0 & 1 \\ 2 & 3 \end{pmatrix} + (4 \ 5) \tag{1.31}$$

你可以假设有广播机制, 这样计算时维度就相符了。

练习 1.6 在本章中, 我们只讨论了分类问题, 对于这类问题, 交叉熵是通常会选择的损失函数。在某些问题中我们希望可以用神经网络预测特定的值。例如, 许多人想要这样一个程序, 给定今天某只股票的价格和世界上其他影响因素, 输出明天股票的价格。如果我们训练一个单层神经网络来达到这个目的, 通常会使用平方误差损失。

$$L(\boldsymbol{X}, \boldsymbol{\Phi}) = (t - l(\boldsymbol{X}, \boldsymbol{\Phi}))^2 \tag{1.32}$$

其中 t 是当天的实际价格, $l(\boldsymbol{X}, \boldsymbol{\Phi})$ 是单层神经网络 $\boldsymbol{\Phi} = \{b, W\}$ 的输出。这也被称为二次损失。推导出损失对 b_i 求导的公式。

第 2 章

Tensorflow

本章讲述的主要内容包括：预备知识；Tensorflow 程序；多层神经网络；检查点、tensordot、TF 变量的初始化和 TF 图创建的简化；参考文献和补充阅读；习题。

2.1 预备知识

Tensorflow 是谷歌开发的一种开源编程语言，旨在让深度学习程序编程变得更简单。我们首先从一个程序开始。

```
import tensorflow as tf
x = tf.constant("Hello World")
sess = tf.Session()
print(sess.run(x)) #will print out "Hello World"
```

该程序是否看起来像 Python 代码呢？它的确就是 Python 代码。事实上，Tensorflow（后称 TF）是一组函数集合，可以使用不同的编程语言来调用它。最完整的接口是 Python 的，这就是我们在上述程序中使用的。

要注意的是，TF 函数与其说是执行一个程序，不如说是定义一个只有在调用 run 命令时才执行的计算，就像上面程序的最后一行一样。更准确地说，第 3 行中的 TF 函数 Session 创建了一个会话，与该会话相关联的是定义计算的图。像 constant 这样的命令会将元素添加到计算中。在本例中，元素只是一个常量数据项，其值是 Python 字符串 "Hello World"。第 4 行代码显示 TF 计算与会话 sess 相关联的图中的 x 指向的 TF 变量。最终结果是——打印输出 "Hello World"。

我们可以将上例最后一行替换为 print(x)，进行对比。替换后输出

```
Tensor("Const:0", shape=(), dtype=string)
```

关键是 Python 变量 x 并不绑定到字符串，而是绑定到 Tensorflow 计算图的一部分。只有当通过执行 sess.run(x) 来计算图的这一部分时，我们才能访问 TF

常量的值。

```
x = tf.constant(2.0)
z = tf.placeholder(tf.float32)
sess= tf.Session()
comp=tf.add(x,z)
print(sess.run(comp,feed_dict={z:3.0}))  # Prints out 5.0
print(sess.run(comp,feed_dict={z:16.0})) # Prints out 18.0
print(sess.run(x)) # Prints out 2.0
print(sess.run(comp)) # Prints out a very long error message
```

图 2.1　TF 中的 placeholder

所以，在上面的代码中，x 和 sess 是 Python 变量，可以根据我们的需要命名。import 和 print 是 Python 函数，必须这样拼写，Python 才能理解我们想要执行哪个函数。constant、Session 和 run 是 TF 命令，拼写必须准确（包括 Session 中需要大写 "S"）。此外，需要首先 import tensorflow，这是固定的，我们在后文中不再提及。

在图 2.1 中的代码中，x 仍是 Python 变量，其值是 TF 常量，在本例中是浮点数 2.0。然后，z 是 Python 变量，其值是 TF placeholder。TF 中的 placeholder 类似于编程语言函数中的变量。假设我们有以下 Python 代码。

```
x = 2.0
def sillyAdd(z):
    return z+x
print(sillyAdd(3))  # Prints out 5.0
print(sillyAdd(16)) # Prints out 18.0
```

这里 z 是 sillyAdd 参数的名称，当我们调用 sillyAdd(3) 中的函数时，z 被它的值 3 所取代。TF 程序的工作方式类似，不同之处在于给 TF placeholder 赋值的方式不同，如图 2.1 的第 5 行所示。

```
print(sess.run(comp,feed_dict={z:3.0}))
```

这里的 feed_dict 是 run 的命名参数（因此它的名称必须拼写正确）。它接受 Python 字典这类值。在字典中，计算所需的每个 placeholder 都必须给定一个值。所以第一次 sess.run 打印输出为 2.0 和 3.0 的总和，第二次打印输出 18.0。第三次调用 sess.run 时需要注意的是，如果计算不需要 placeholder 的值，则不必提供其值。另一方面，正如第 4 个打印输出语句后的注释所指出的，如果计算需要一个值，但没有提供该值，就会出现错误。

Tensorflow 的命名源于其基本数据结构是张量型（tensor）多维数组。大约有十五种或更多张量类型。当我们定义上面的 placeholder z 时，我们给出了它的类型为 float32。除了它的类型，张量也有形状。想象一个 2×3 的矩阵，它的形状就是[2, 3]。长度为 4 的向量形状为[4]，它不同于形状为[1,4]的 1×4 矩阵，或者形状为[4,1]的 4×1 矩阵。一个 3×17×6 的数组形状为[3,17,6]。他们都是张量。标量（即数字）的形状是 null，也属于张量。此外，请注意张量不像线性代数，它不需要区分行向量和列向量。有些张量的形状只有一个分量，例如[5]。我们如何在纸上画出这些张量对数学来说无关紧要。我们对数组张量进行图示时，总是遵循第零个维度垂直绘制，第一个维度水平绘制的规则。但这是我们为保持一致进行的限制。请注意，张量维数和下标都是从零开始的。

回到我们对 placeholder 的讨论：大多数 placeholder 不是前述例子中的简单标量，而是多维张量。2.2 节从一个简单的用于 Mnist 数字识别的 Tensorflow 程序开始。其中将一张图片输入 TF 代码，并运行神经网络前向传递，以获得网络对数字的预测。此外，在训练阶段，运行反向传递并修改程序的参数。为了给程序传入图片输入，我们定义了一个 placeholder。它是 float32 型，形状为[28,28]，或者是[784]，这取决于我们给它的是一个二维 Python 列表还是一维 Python 列表。例如，

```
img=tf.placeholder(tf.float32,shape=[28,28])
```

请注意，shape 是 placeholder 函数的命名参数。

在深入讨论真正的程序之前，我们先看 TF 数据结构。如前所述，神经网络模型由它们的参数和程序的结构来定义——如何将参数与输入值组合以产生答案。通常我们随机初始化参数（例如，连接输入图像和答案 logit 的权重 w），神经网络会修改参数以在训练数据上最小化损失。创建 TF 参数有三个阶段。首先，用初始值创建张量，然后将张量转换为 Variable（TF 对参数的称谓），然后初始化变量或者说参数。我们来创建图 1.11 中前馈 Mnist 伪代码所需的参数。首先是偏置项 b，然后是权重 W。

```
bt = tf.random_normal([10], stddev=.1)
b = tf.Variable(bt)
W = tf.Variable(tf.random_normal([784,10],stddev=.1))
sess=tf.Session()
sess.run(tf.global_variables_initializer())
print(sess.run(b))
```

第 1 行添加了创建形状为[10]的张量的指令，张量的十个值是从标准偏差为0.1 的正态分布生成的随机数。正态分布，也称为高斯分布，是常见的钟形曲线。

从正态分布中选取的数字将以平均值（μ）为中心，它们离平均值的距离由标准偏差（σ）决定。更具体地说，大约 68 % 的值处在平均值的一个标准偏差范围内，超出这个范围的数字出现概率会大大降低。

上面代码的第 2 行输入为 `bt`，并添加了一段 TF 图，该图创建了一个与 `bt` 具有相同形状和值的变量。一旦我们创建了变量，我们就很少需要原始张量，所以通常会同时进行上述两个事件而不保存张量指针，就像创建参数 `W` 的第 3 行一样。在使用 `b` 或 `W` 之前，我们需要在创建的会话中对它们进行初始化，这是第 5 行的工作。第 6 行是打印输出结果（结果如下，每次都会不同）。

```
[-0.05206999 0.08943175 -0.09178174 -0.13757218 0.15039739
  0.05112269 -0.02723283 -0.02022207 0.12535755 -0.12932496]
```

如果我们颠倒了最后两行的顺序，当尝试打印 `b` 所指的变量时，就会收到一条错误消息。

因此，在 TF 程序中，我们创建变量来存储模型参数。最初，参数的值是不含信息的，通常是标准偏差很小的随机值。根据之前的讨论，梯度下降的反向传递修改了它们。一旦被修改，`sess` 指向的会话将保留新值，并在下次运行会话时使用它们。

2.2 TF 程序

图 2.2 是前馈神经网络 Mnist 程序的 TF 版本，它比较完整，应该可以运行。这里隐藏的关键元素是代码 `mnist.train.next_batch`，它处理 Mnist 数据中的读取细节。先大体看一看图 2.2，请注意虚线之前的所有内容都与设置 TF 计算图有关；虚线之后首先使用图来训练参数，然后运行程序来查看测试数据的准确性。现在我们逐行解读这个程序。

首先，是 import tensorflow 和 Mnist 数据的读取代码，然后在第 5 行和第 6 行定义了两组参数，这和刚才讨论的 TF 变量定义有一点小变化。接下来，我们为输入神经网络的数据定义 placeholder。首先，在第 8 行，定义图像数据的 placeholder，这是一个形状为 `[batchSz,784]` 的张量。在讨论线性代数为什么是表示神经网络计算的好方法时（1.5 节），我们注意到，同时处理几个样本时，我们的计算速度会加快，而且，这与随机梯度下降中的批处理概念非常吻合。在图 2.2 中，我们可以看到这一点在 TF 中如何实现。也就是说，图片的 placeholder 不是一行 784 个像素，而是 100 行（这取于 `batchSz` 的值）。程序第 9 行与之类似，我们的程序一次性给出 100 张图片的预测。

```
 0 import tensorflow as tf
 1 from tensorflow.examples.tutorials.mnist import input_data
 2 mnist = input_data.read_data_sets("MNIST_data/", one_hot=True)
 3
 4 batchSz=100
 5 W = tf.Variable(tf.random_normal([784, 10],stddev=.1))
 6 b = tf.Variable(tf.random_normal([10],stddev=.1))
 7
 8 img=tf.placeholder(tf.float32, [batchSz,784])
 9 ans = tf.placeholder(tf.float32, [batchSz, 10])
10
11 prbs = tf.nn.softmax(tf.matmul(img, W) + b)
12 xEnt = tf.reduce_mean(-tf.reduce_sum(ans * tf.log(prbs),
13                                      reduction_indices=[1]))
14 train = tf.train.GradientDescentOptimizer(0.5).minimize(xEnt)
15 numCorrect= tf.equal(tf.argmax(prbs,1), tf.argmax(ans,1))
16 accuracy = tf.reduce_mean(tf.cast(numCorrect, tf.float32))
17
18 sess = tf.Session()
19 sess.run(tf.global_variables_initializer())
20 #-----------------------------------------------
21 for i in range(1000):
22   imgs, anss = mnist.train.next_batch(batchSz)
23   sess.run(train, feed_dict={img: imgs, ans: anss})
24
25 sumAcc=0
26 for i in range(1000):
27   imgs, anss= mnist.test.next_batch(batchSz)
28   sumAcc+=sess.run(accuracy, feed_dict={img: imgs, ans: anss})
29 print "Test Accuracy: %r" % (sumAcc/1000)
```

图 2.2　Mnist 的前馈神经网络的 Tensorflow 代码

在第 9 行中还需注意一点。我们用包含 10 个数字的向量表示一个答案，所有数字值都为零，除了第 a 个，其中 a 是该图像对应的正确数字。例如，第 1 章中的数字 7 的图片（图 1.1），正确答案的对应表示是（ 0,0,0,0,0,0,0,1,0,0 ）。这种形式的向量被称为独热（one-hot）向量，因为它们具有仅选择一个值作为激活值的特性。

截至第 9 行是程序的参数定义和输入，下面的代码是完成图中的计算。其中第 11 行开始显示 TF 用于神经网络计算的强大能力。它定义了模型的神经网络前向传递,将(一个批大小的)图片输入线性单元(由 W 和 b 定义),然后对所有结果应用 softmax 函数以得到一个概率向量。

我们建议在查看类似代码时,首先检查所涉及的张量的形状,以确保它们是合理的。这里隐藏最深的计算是矩阵乘法 matmul,即输入图片[100,784]乘以 W[784, 10]得到一个形状为[100,10]的矩阵。接着我们将偏置与矩阵相加,得到一个形状为[100,10]的矩阵,这是 100 张图片的批中的 10 个 logit。然后,将结果通过 softmax 函数处理,最后会得到图片对应的[100, 10]大小的标签概率分配矩阵。

第 12 行并行计算 100 个样本的平均交叉熵损失。我们从里到外进行讲解。tf.log(x)返回一个张量,使得 x 的每个元素都被它的自然对数代替。图 2.3 展示了 tf.log 如何进行批操作,批大小为 3,批中每个向量都包含 5 个概率分布。

0.20	0.10	0.20	0.10	0.40		−1.6	−2.3	−1.6	−2.3	−0.9
0.20	0.10	0.20	0.10	0.40	→	−1.6	−2.3	−1.6	−2.3	−0.9
0.20	0.10	0.20	0.10	0.40		−1.6	−2.3	−1.6	−2.3	−0.9

图 2.3　tf.log 的批操作

接下来,ans * tf.log(prbs)中的标准乘法符号"*"代表两个张量的逐元素相乘。图 2.4 显示了在批运算中,每个标签的独热向量与负自然对数矩阵的逐元素相乘如何进行。结果中的每一行,除了正确答案概率对应的负对数之外,所有内容都被清零。

0	0	1	0	0		1.6	2.3	1.6	2.3	0.9		0	0	1.6	0	0
0	0	1	0	0	*	1.6	2.3	1.6	2.3	0.9	=	0	0	1.6	0	0
0	0	0	0	1		1.6	2.3	1.6	2.3	0.9		0	0	0	0	0.9

图 2.4　答案乘概率的负对数的计算

此时,为了获得每张图片的交叉熵,我们只需要对数组中的所有值求和。求和的第一步操作是

```
tf.reduce_sum( A, reduction_indices = [ 1 ] )
```

它将 A 的各行相加,如图 2.5 所示。这里的一个关键部分是

```
reduction_indices = [ 1 ]
```

在我们之前对张量的介绍中，提到了张量的维数是从零开始的。`reduce_sum` 可以对列求和，默认情况下，`reduction_indices=[0]`，或者，如本例中，对行求和，`reduction_indices=[1]`。这将生成一个[100,1]的数组，每行中只有正确概率的对数作为唯一的条目。图 2.5 设批大小为 3，并假设有 5 个类，而不是 10 个。作为交叉熵计算的最后一个部分，图 2.2 中第 12 行 `reduce_mean` 对所有列求和（同样 `reduction_indices` 是默认值），并返回平均值（1.1 左右）。

0	0	1.6	0	0		1.6
0	0	1.6	0	0	→	1.6
0	0	0	0	0.9		0.9

图2.5 根据 `reduction_indices` 为[1]进行 `tf.reduce_sum` 计算

最后，我们可以转到图 2.2 中的第 14 行，在此 TF 真正展示了它的优点，这一行就实现了整个反向传递所需的全部内容。

```
tf.train.GradientDescentOptimizer(0.5).minimize(xEnt)
```

即，使用梯度下降来计算权重变化，并最小化由第 12 行和第 13 行定义的交叉熵损失函数。该行还指定了 0.5 的学习率。我们不必担心计算导数或其他元素，因为如果你在 TF 中定义了前向计算和损失，那么 TF 编译器会知道如何计算必要的导数，并按照正确的顺序将它们串在一起对权重进行修改。我们可以通过选择不同的学习率来修改这个函数调用，或者，如果我们使用不同的损失函数，可以用另一个 TF 计算的元素替换 xEnt。

当然，TF 基于前向传递导出反向传递的能力是有限的。再强调一次，只有当所有前向传递计算都用 TF 函数完成时，它才能做到这一点。对于像我们这样的初学者来说，这并不是太大的限制，因为 TF 有各种各样的内置操作，它知道如何进行区分和连接。

第 15 行和第 16 行代码计算模型的 `accuracy`（精度）。精度是模型计算正确答案的数量除以处理的图片数量。首先，关注标准数学函数 argmax，如 $\arg\max_x f(x)$，它返回让 $f(x)$ 最大化的 x 值。在这里，我们使用的 `tf.argmax(prbs, 1)` 有两个参数：第一个是张量，我们从中取 argmax；第二个是取 argmax 的张量轴。张量轴的作用与我们用于 `reduce_sum` 的命名参数类似——它帮助我们在张量的不同轴上求和。举例来说，如果张量是((0,2,4),(4,0,3))，并且使用轴 0（默认值），我们会得到（1,0,0）。我们先比较 0 和 4，由于 4 更大，所以返回 1。然后我们比较 2 和 0，由于 2 更大，所以返回 0。如果我们使用轴 1，我们会返回（2,0）。第 15 行有一个批大小 logit 的数组。argmax 函数返回批大小的最大 logit 所在位置的数组。接下来，我们应用 tf.equal 将最大 logit 与正确答案进行比较。tf.equal 返回一个批向量的布尔值（如果它们相等，则为 True），tf.cast(tensor,tf.float32)将该向量转换为浮点数，以便 tf.reduce_mean 将它们相加，得到正确率的百分比。请注意不要将布尔值转换成整数，因为取平均值时，它会返回一个整数，在这种情况下，该整数将始终为零。

定义了会话（第 18 行）并初始化参数值（第 19 行）之后，我们可以训练模型（第 21 行至第 23 行）。在这三行代码中，我们使用从 TF Mnist 库中获得的代码每次提取 100 张图片及其答案，然后通过调用 sess.run 在训练的计算图上运行程序。当这个循环结束时，我们共训练了 1,000 次，每次迭代有 100 张图片，或者说总共训练了 100,000 张测试图片。我的 Mac Pro 电脑具有四核处理器，完成这轮循环大约需要 5 秒（第一次将内容放入缓存中会花费较长时间）。提到"四核处理器"是因为 TF 会查看可用的计算能力，在没有指导时也能很好地使用电脑的计算能力。

你可能注意到了，第 21 行到第 23 行有一点奇怪——我们从来没有明确提到过要进行前向传递，而 TF 根据计算图（Computation graph）计算出了这一点。从 GradientDescentOptimizer 中，TF 知道自己需要执行 xEnt 所需的计算（第 12 行），这需要计算 prbs，而该计算又指向了第 11 行的前向传递计算。

最后，第 25 行到第 29 行计算测试数据的正确率（91%或 92%）。首先，通过浏览计算图的组织结构可以发现，accuracy 计算最终需要的是在前向传递中计算 prbs，而不是反向传递的训练。因此，为了更好地测试数据，不对权重进行修改。

第 1 章中提到，在训练模型时打印输出错误率是良好的调试实践。一般来说，错误率会下降。为此，我们将第 23 行改为

```
acc,ignore= sess.run([accuracy,train],
                       feed_dict={img: imgs, ans: anss})
```

这里的语法是用于组合计算的普通 Python 语言。计算的第一个值（accuracy 的值）分配给变量 acc，计算的第二个值分配给 ignore。Python 的习惯做法是用下

划线符号(_)代替 ignore，当语法要求变量接受一个值，但我们不需要记住它时，Python 会使用下划线符号。当然，我们还需要添加一个命令来打印输出 acc 的值。

我们提到这一点是为了帮助读者避免一个常见的错误——无视第 23 行，反而自己新增了第 23.5 行（我和一些刚入门的学生都犯过这个错误）。

```
acc= sess.run(accuracy, feed_dict={img: imgs, ans: anss})
```

这种做法效率较低，因为 TF 在这种情况下需要进行两次前向传递，一次是在要进行训练时，另一次是在求 accuracy 时。更重要的是，第一次调用会修改权重，从而更有可能为该图片预测正确的标签。如果在此之后计算 accuracy，程序的性能就会有所夸大。当我们调用一次 sess.run，但同时求两个值时，就不会发生这种情况。

2.3　多层神经网络

我们设计的程序，如第 1 章中的伪代码和第 2 章的 TF 代码，都是单层神经网络，只有一层线性单元。问题来了，多层线性单元表现会更好吗？早期神经网络研究人员认为答案是"否"，下面解释为什么。线性单元可以被看作线性代数矩阵，即我们看到一层前馈神经网络只是计算 $y = XW$。在我们的 Mnist 模型中，为了将 784 个像素值转换成 10 个 logit 值，W 的形状设置为[784,10]，并增加额外的权重来替换偏置项。假设我们又添加了一层线性单元 U，其形状为[784,784]，输出到层 V 中，层 V 和 W 形状一样，是[784,10]，

$$y \quad = (xU)V \tag{2.1}$$
$$= x(UV) \tag{2.2}$$

其中第 2 行遵循矩阵乘法的结合律。这里的重点是，使用两层神经网络 U 和 V 相乘得到的能力，都可以由 $W= UV$ 的单层神经网络得到。

有一个简单的解决方案——在层与层之间添加一些非线性计算。最常用的一种是 tf.nn.relu（或 ρ），修正线性单元（rectified linear unit，以下简称 relu），定义为

$$\rho(x) = \max(x, 0) \tag{2.3}$$

函数图像如图 2.6 所示。

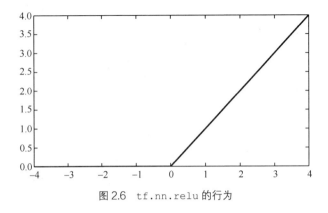

图 2.6　`tf.nn.relu` 的行为

在深度学习中，置于各层之间的非线性函数称为激活函数（activation function）。除了常用的 relu 以外，其他一些激活函数也活跃于程序中，例如 sigmoid 函数，定义为

$$S(x) = \frac{e^{-x}}{1+e^{-x}} \tag{2.4}$$

函数图像如图 2.7 所示。在所有情况下，激活函数都分别应用于张量参数中的各个实数。例如，$\rho([1,17,-3\,]) = [\,1,17,0]$。

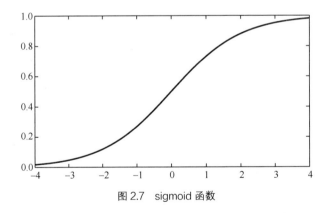

图 2.7　sigmoid 函数

在发现 relu 这种有效简单的非线性函数前，sigmoid 函数非常受欢迎。但是 sigmoid 可以输出的值范围非常有限，只限于从 0 到 1，而 relu 输出的值可以从 0 到无穷大。当我们进行反向传递计算梯度找出参数如何影响损失时，这一点非常关键。反向传播时，若使用 sigmoid 函数会使梯度为 0——这个过程被称为梯度消失（vanishing gradient）问题。更简单的激活函数会极大改善这个问题，鉴于

此，tf.nn.lrelu——带泄露修正线性单元（leaky relu）——使用非常频繁，因为它比 relu 可输出的值范围更大，如图 2.8 所示。

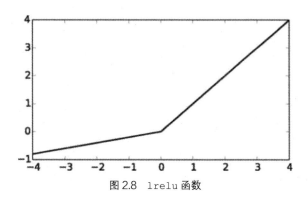

图2.8 lrelu 函数

将多层神经网络放在一起，得出新模型。

$$\Pr(A(x)) = \sigma(\rho(\boldsymbol{x}\boldsymbol{U} + \boldsymbol{b}_u)\boldsymbol{V} + \boldsymbol{b}_v) \tag{2.5}$$

其中 σ 是 softmax 函数，$\boldsymbol{U}$ 和 $\boldsymbol{V}$ 是第一层和第二层线性单元的权重，$\boldsymbol{b}_u$ 和 $\boldsymbol{b}_v$ 是它们的偏置。

现在我们在 TF 中进行实现。我们将图 2.2 第 5 行和第 6 行中的 W 和 b 的定义替换为图 2.9 第 1 行到第 4 行的层 U 和 V，图 2.2 第 11 行 prbs 的计算替换为图 2.9 的第 5 行至第 7 行。这些替换将原代码转换成多层神经网络。此外，考虑到参数数量更多了，我们将学习率降低为 $\frac{1}{10}$。旧程序在 100,000 张图片上训练后得出的精度稳定在 92%左右，新程序在 100,000 张图片上的精度会达到 94%左右。另外，如果我们增加训练图片的数量，测试集的性能会一直提高到大约 97%。注意，这个代码和没有非线性函数的代码之间的唯一区别是第 6 行。如果我们删除它，精度会下降到大约 92%。这足以让你相信数学的力量！

```
1 U = tf.Variable(tf.random_normal([784,784], stddev=.1))
2 bU = tf.Variable(tf.random_normal([784], stddev=.1))
3 V = tf.Variable(tf.random_normal([784,10], stddev=.1))
4 bV = tf.Variable(tf.random_normal([10], stddev=.1))
5 L1Output = tf.matmul(img,U)+bU
6 L1Output=tf.nn.relu(L1Output)
7 prbs=tf.nn.softmax(tf.matmul(L1Output,V)+bV)
```

图 2.9 用于多层神经网络识别数字的 TF 图构造代码

　　还有一点需要注意，在具有数组参数 W 的单层神经网络中，W 的形状由输入数量（784）和输出数量（10）固定。对于两层线性单元，我们则可以自由地选择隐藏层大小（hidden size）。所以 U 是输入大小×隐藏层大小，V 是隐藏层大小×输出大小。在图 2.9 中，我们只是将隐藏层大小设定为 784，与输入大小相同，但是这并不是必须的。通常，加大隐藏层会提高性能，但也会有极限。

2.4　其他方面

　　在本节中，我们将介绍 TF 的其他方面——有助于完成本书其余部分中提出的编程任务的知识（例如，检查点），或者是在接下来的章节中会用到的知识。

2.4.1　检查点

　　在 TF 计算中添加检查点（checkpoint）通常很有用——将张量保存下来，以便可以在下一次恢复计算，或者在不同的程序中重新使用该张量。在 TF 中，我们通过创建和使用 saver 对象来实现这一点。

```
saveOb= tf.train.Saver()
```

　　如前节所述，saveOb 是 Python 变量，你可以选择名称。在使用对象之前，可以在任意时间创建它，但是由于后文提到的原因，在初始化变量（调用 `global_variable_initialize`）之前创建这个对象更为合理。然后在每 n 轮训练后，保存所有变量的当前值。

```
saveOb.save(sess, "mylatest.ckpt")
```

save 函数有两个参数：要保存的会话以及文件名和位置。在上述语句的情况下，保存的目录与 Python 程序所在目录相同。如果这个参数是 `tmp/model.checkpt`，它就会出现在 `tmp` 子目录中。

　　调用 save 函数创建了四个文件。最小的文件，名为 checkpoint，是一个 Ascii 文件，指定了在该目录存储检查点的一些高级细节。名称 checkpoint 是固定的，如果你将某个文件命名为“checkpoint”，它将被覆盖。其他三个文件名会根据你提供的字符串来定义。在本例中，它们被命名为

```
mylatest.ckpt.data-00000-of-00001
mylatest.ckpt.index
mylatest.chpt.meta
```

第一个文件保存了参数值。另外两个文件包含 TF 导入这些值时使用的元信息（稍后将进行描述）。如果你的程序反复调用 save，这些文件每次都会被覆盖。

接下来如果我们想在已经训练过的同一个神经网络模型上做进一步的训练，最简单的操作就是修改原来的训练程序。你保留了 saver 对象，现在我们想用保存的值初始化所有 TF 变量。因此，我们通常会移除 global_variable_initialize，通过调用 saver 对象的"restore"方法来替换 global_variable_initialize。

```
saveOb.restore(sess, "mylatest.ckpt")
```

下次调用训练程序时，它会恢复训练，TF 变量自动设置为上次训练中保存的值，其他一切都没有改变。因此，如果在训练代码时，打印轮数及其对应损失，它会从 1 开始打印轮数，除非你修改了代码。当然，如果你想调整打印输出，或者想让程序更加优雅，你可以修改代码，但是在这里编写更好的 Python 代码不是我们要关心的。

2.4.2　tensordot

tensordot 函数是 TF 中矩阵乘法在张量上的推广。我们对标准矩阵乘法非常熟悉，即前一章中的 matmul。当 A 和 B 具有相同的维度个数 n，A 的最后一个维度与 B 的倒数第二个维度大小相同，并且前 $n-2$ 个维度相同时，我们可以调用函数 tf.matmul(A,B)。因此，如果 A 的维度是[2,3,4]，B 的维度是[2,4,6]，那么乘积维度是[2,3,6]。矩阵乘法可以看作重复的点积。例如，矩阵乘法

$$\begin{pmatrix} 1 & 2 & 3 \\ 4 & 5 & 6 \end{pmatrix} \begin{pmatrix} -1 & -2 \\ -3 & -4 \\ -5 & -6 \end{pmatrix} \tag{2.6}$$

可以通过将向量(1,2,3)和(−1, −3, −5)进行点积，并将答案放在结果矩阵的左上角位置来实现。以这种方式继续运算，第 i 行与第 j 列的点积，即为第 i 行第 j 列的结果。因此，设 A 是式（2.6）的第一个矩阵，B 是第二个，这个计算也可以表示为

```
tf.tensordot(A, B, [[ 1 ], [ 0 ]])
```

前两个参数是进行运算的张量，第三个参数是一个双元素列表：第一个元素

是来自第一个参数需要进行点积的维度列表，第二个元素是第二个参数的相应维度列表。这个双元素列表指导 tensordot 获取这两个维度的点积。当然，如果我们要取它们的点积，指定的维度大小必须相等。由于垂直绘制第 0 个维度，水平绘制第 1 个维度，这意味着取 A 的每一行和 B 的每一列的点积。tensordot 的结果按照从左到右取维度，先取 A 的剩余的维度后取 B 的。也就是说，在本例中，输入张量维度为[2,3]和[3,2]，在点积中指定的两个维度"消失"了（维度 1 和维度 0），以得到维度为[2,2]的结果。

图 2.10 给出的例子更为复杂，导致 matmul 无法在一条指令中处理它。我们将此图从第 5 章拿过来作为例子（第 5 章中会解释变量的名字含义），但在本章中，我们只是通过它观察 tensordot 在做什么。不看数字，只看 tensordot 函数调用中的第三个参数 [[1],[0]]，即取 encOut 的 1 维和 wAT 的 0 维的点积。因为他们大小都为 4，所以这是可行的。也就是说，我们取两个维度分别为[2,4,4]和[4,3]的张量的点积（斜体数字是进行点积的维度）。由于这些维度在点积之后消失，因此得到的张量具有维度[2,4,3]，当我们在例子最后打印输出时，该张量维度是正确的。简单地说一下实际的计算，我们对两个张量显示为列的维度取点积，即，第一个点积是对[1,1,1,−1]和[0.6,0.2,0.1,0.1]进行计算，得出的 0.8 作为结果张量中的第一个数值。

```
eo= ( (( 1, 2, 3, 4),
       ( 1, 1, 1, 1),
       ( 1, 1, 1, 1),
       (-1, 0,-1, 0)),
      (( 1, 2, 3, 4),
       ( 1, 1, 1, 1),
       ( 1, 1, 1, 1),
       (-1, 0,-1, 0)) )
encOut=tf.constant(eo, tf.float32)

AT = ( ( .6, .25, .25 ),
       ( .2, .25, .25 ),
       ( .1, .25, .25 ),
       ( .1, .25, .25 ) )
wAT = tf.constant(AT, tf.float32)

encAT = tf.tensordot(encOut,wAT,[[1],[0]])
sess= tf.Session()
```

```
print sess.run(encAT)
[[[ 0.80000001    0.5           0.5         ]
  [ 1.50000012    1.            1.          ]
  [ 2.            1.            1.          ]
  [ 2.70000005    1.5           1.5         ]]
   ...]
```

图 2.10 tensordot 实例

最后，tensordot 不限于在每个张量中进行一维的点积。如果 A 的维度是 [2,4,4]，而 B 的维度是 [4,4]，那么运算 tensordot (A,B, [[1,2], [0,1]]) 会得到维度[2]的张量。

2.4.3 TF 变量的初始化

在 1.4 节中，我们说过，随机初始化神经网络参数（即 TF 变量）且保证其接近于 0 是个很好的实践。在第一个 TF 程序（图 2.9）中，我们使用如下命令实现这一操作。

```
b = tf.Variable(tf.random normal([10], stddev=.1))
```

其中，我们假设 0.1 的标准偏差足够 "接近 0"。

然而，关于标准差的选择自有一套理论和实践体系。这里我们给出了一个名为 "Xavier 初始化" 的规则，它通常用于在随机初始化变量时设置标准差。设 n_i 为层的输入数，n_o 为层的输出数，对于图 2.9 中的变量 W，$n_i = 784$，即像素的数量；$n_o = 10$，即备选分类的数量。针对 Xavier 初始化，设置标准差 σ 为

$$\sigma = \sqrt{\frac{2}{n_i + n_o}} \qquad (2.7)$$

例如，对于 W 将值 784 和 10 代入，标准差 σ 约为 0.0502，四舍五入为 0.1。通常，推荐将标准差设在 0.3（10×10 层）和 0.03（1,000×1,000 层）之间。输入和输出值越多，标准差越低。

Xavier 初始化最初是为了与 sigmoid 激活函数一起使用而提出的（见图 2.7）。如前所述，当 x 远低于−2 或高于+2 时，$\sigma(x)$ 对 x 几乎毫无反应。也就是说，如果输入 sigmoid 函数的值太高或太低，它们的变化可能对损失几乎没有影响。进行反向传递时，如果损失的变化被 sigmoid 函数抵消，那么它不会影响输入 sigmoid 函数的参数。实际上，我们希望一层的输入和输出之间的比率方差（variance）

大约为 1。这里我们使用技术意义上的方差：数值随机变量值和其均值之间平方差的期望值。此外，随机变量 X 的期望值（expected value）（用 $E[X]$ 表示）是其可能取值的概率平均值。

$$E[X] = \sum_x p(X = x) \times x \tag{2.8}$$

以六面骰子为例，滚动一个六面骰子的期望值计算如下：

$$E[R] = \frac{1}{6} \times 1 + \frac{1}{6} \times 2 + \frac{1}{6} \times 3 + \frac{1}{6} \times 4 + \frac{1}{6} \times 5 + \frac{1}{6} \times 6 = 3.5 \tag{2.9}$$

因此，我们希望将输入方差与输出方差之比保持在 1 左右，该层不会由于 sigmoid 函数而对信号过度衰减。这限制了我们初始化的方式。我们传达了一个原始事实（你可以查看推导过程），对于一个权重矩阵为 W 的线性单元，前向传递的方差(V_f)和反向传递的方差(V_b)分别为

$$V_f(W) = \sigma^2 \cdot n_i \tag{2.10}$$

$$V_b(W) = \sigma^2 \cdot n_o \tag{2.11}$$

其中 σ 是 W 权重的标准偏差。（单个高斯的方差是(σ^2)，所以这说得通。）如果我们把 V_f 和 V_b 都设为零，然后求解 σ 可得

$$\sigma = \sqrt{\frac{1}{n_i}} \tag{2.12}$$

$$\sigma = \sqrt{\frac{1}{n_o}} \tag{2.13}$$

除非输入的基数与输出的基数相同，否则这没有解。由于通常情况并非如此，所以我们在这两个值之间取一个"平均值"，得出 Xavier 规则。

$$\sigma = \sqrt{\frac{2}{n_i + n_o}} \tag{2.14}$$

对于其他激活函数，也有等价的方程。随着 relu 和其他激活函数的出现，而这些激活函数不像 sigmoid 那样容易饱和，因此这个问题不再像以前那么重要了。尽管如此，Xavier 规则确实提供了很好地设置标准偏差的方法，它的 TF 程序版本和其他语言相关版本都十分常用。

2.4.4 TF 图创建的简化

回顾图 2.9，可以看到需要 7 行代码来描述两层前馈网络。可以想想看，如果在没有 TF 的情况下，我们用 Python 编程描述这样少的内容会需要多少代码。如果我们用图 2.9 的方式创建一个 8 层网络——在本书结尾你需要完成这个任务——将需要大约 24 行代码。

TF 有一组方便的函数，即 layers 模块，可以更紧凑地对常见的分层情形进行编码。在这里我们介绍

```
tf.contrib.layers.fully_connected
```

如果一层的所有单元都连接到下一层的所有单元，则该层称为完全连接。我们在前两章中使用的层都是完全连接的，因此之前没有将它们和其他网络进行区分。定义这样一个层，我们会做以下工作：（a）创建权重 W；（b）创建偏置 b；（c）进行矩阵乘法并加和偏置；（d）应用激活函数。假设我们已经执行了 import tensorflow.contrib.layers as layers，可以用下面的一行代码来完成定义工作。

```
layerOut=layers.fully_connected(layerIn,outSz,activeFn)
```

上述调用创建了一个用 Xavier 方法初始化的矩阵和一个以零初始化的偏置向量。它返回 layerIn 乘矩阵再加上偏置的结果，并将 activeFn 指定的激活函数应用于该结果。如果你没有指定激活函数，它会使用 relu；如果你指定 None 作为激活函数，则不使用激活函数。

使用 fully_connected，我们可以将图 2.9 中的 7 行代码写为

```
L1Output=layers.fully_connected(img,756)
prbs=layers.fully_connected(L1Output,10,tf.nn.softmax)
```

请注意，我们指定 tf.nn.softmax 作为第二层的激活函数，以作用于第二层的输出。

当然，如果我们有一个 100 层的神经网络，写出 100 个 fully_connected 的调用是非常冗长乏味的。幸运的是，我们可以使用 Python 或者 TF API 来定义我们的网络。举一个想象中的例子，假设我们想要创建 100 个隐藏层，每一层比前一层小 1，其中第一层的大小是一个系统参数。我们可以写出

```
outpt = input
for i in range(100):
```

```
outpt = layers.fully_connected(outpt, sysParam - i)}
```

这个例子很傻，但反映了很重要的一点：TF 图的部分可以像列表或字典一样在 Python 中传递和操作。

2.5 参考文献和补充阅读

Tensorflow 起源于谷歌内部项目——谷歌大脑，这个项目由两名谷歌的研究人员 Jeff Dean 和 Greg Corrado 以及斯坦福大学教授 Andrew Ng 发起。开始时，该项目被称为"Distbelief"，当它的应用超越了初始项目时，谷歌正式接管了进一步的开发，并聘请了多伦多大学的 Geoffrey Hinton，我们在第 1 章中提到了他对深度学习的开创性贡献。

Xavier 初始化来源于 Xavier Glorot 的名字。他以第一作者的身份撰写了介绍 Xavier 初始化的文章[GB10]。

如今，Tensorflow 只是深度学习的编程语言之一（参见文献[Var17]）。就用户数量而言，Tensorflow 是迄今为止最受欢迎的语言。第二位是 Keras，一种建立在 Tensorflow 之上的高级语言。第三位是 Caffe，最早是由加州大学伯克利分校开发的。Facebook 现在支持 Caffe 的开源版本 Caffe2。Pytorch 是 Torch 的 Python 接口，它在深度学习自然语言处理社群十分受欢迎。

2.6 习题

练习 2.1　如果在图 2.5 中，我们计算 `tf.reduce_sum(A)`，其中 A 是图左侧的数组，结果会是怎样的？

练习 2.2　从图 2.2 中取出第 14 行并将其插入第 22 行和第 23 行之间（循环如下），会产生什么问题？

```
for i in range(1000):
    imgs, anss = mnist.train.next_batch(batchSz)
    train = tf.train.GradientDescentOptimizer(0.5).minimize(xEnt)
    sess.run(train, feed_dict={img: imgs, ans: anss})
```

练习 2.3　下面是图 2.2 中第 21 行到第 23 行代码的另一个变体，它有没有问题？如果有问题，是什么问题？

```
for i in range(1000):
    img, anss= mnist.test.next_batch(batchSz)
    sumAcc+=sess.run(accuracy, feed_dict={img:img, ans:anss})
```

练习 2.4 在图 2.10 中，以下操作输出的张量形状是什么？

```
tensordot(wAT, encOut, [[0],[1]])
```

并给出解释。

练习 2.5 展开计算过程，确认图 2.10 的例子最后打印输出的张量中第一个数字(0.8)是正确的（精确到三位小数）。

练习 2.6 假设 input 的形状为[50,10]，以下代码创建了多少 TF 变量？

```
O1 = layers.fully connected(input, 20, tf.sigmoid)
```

创建的矩阵中变量的标准偏差是多少？

第3章
卷积神经网络

到目前为止讨论的神经网络都属完全连接（fully connected）。也就是说，它们都具有全连接的特性，即一层中的所有线性单元都连接到下一层中的所有线性单元。然而，神经网络不仅限于这种特殊形式。我们可以想象在一个前向传递中，线性单元只将其输出送入下一层的某些单元。这增加了一些难度，但还是可操作的，比方说，如果 Tensorflow 知道哪些单元与哪些单元相连，就可以正确计算反向传递的权重导数。

部分连接的神经网络一个特殊形式是卷积神经网络（convolutional neural network）。因为卷积神经网络在计算机视觉中十分有用，所以我们继续讨论 Mnist 数据集。

一层全连接的 Mnist 神经网络学习将图像中特定位置的光强与其对应数字相关联，例如位置(8,14)的高强度值与数字 1 相关联。但这显然不是人类的思考方式。在明亮的房间里拍摄数字图像可能会给每个像素值增加 10，但这对分类几乎没有影响——景物识别中最重要的是像素值间的差异，而不是它们的绝对值大小。此外，仅在相邻的值之间比较这些差异才有意义。假设你在一个小房间里，房间一角只有一个灯泡，我们看到对面墙纸上的光斑，实际上反射回来的光子比灯泡附近的"暗"斑要少。在理清场景中发生的事情时，需要注意局部光强差异，重点是"局部"和"差异"。计算机视觉研究人员很清楚这一点，最近的通用措施就是采用卷积方法[①]。

3.1 滤波器、步长和填充

在本节中，卷积滤波器（convolutional filter），也称为卷积核（convolutional

---

① 在深度学习中我们使用术语"卷积"，它与数学中的用法很接近，但并不完全相同。在数学中，深度学习卷积被称为互相关（cross-correlation）。

kernel），是一个（很小的）数组。如果我们处理的是黑白图片，滤波器就是一个二维数组。Mnist 是由黑白两色组成的，所以我们需要的仅是一个二维数组。如果处理的图像还有其他颜色，我们将需要一个三维数组——或者三个二维数组——每个数组对应红色、绿色和蓝色（RGB）波长的光，由这三色可以组合出所有颜色。现在我们不考虑复杂的颜色组合，之后再加以讨论。

图 3.1 所示的就是卷积滤波器。为了使用一个滤波器对一个图像块进行卷积（convolve），我们将滤波器和一个大小相等的图像块进行点积。在第 2 章我们说过，两个向量的点积是对向量的相应元素两两相乘，并对乘积求和得到一个数。在这里，我们将这个概念推广到二维或二维以上，即，将数组中的相应元素相乘，然后将所有乘积求和。

1.0	1.0	1.0	1.0
1.0	1.0	1.0	1.0
−1.0	−1.0	−1.0	−1.0
−1.0	−1.0	−1.0	−1.0

图 3.1　检测水平线的简单滤波器

我们认为卷积核是一个函数，即核函数（kernel function）。我们通过下式得到图像 I 在 (x, y) 位置与核函数的卷积值 V。

$$V(x,y) = (I \cdot K)(x,y) = \sum_m \sum_n I(x+m, y+n)K(m,n) \qquad (3.1)$$

从形式上来说，卷积是一种运算（这里用一个中心点表示），它的输入是两个函数，函数 I 和 K，返回第三个函数，该函数完成公式右边的运算。通常我们认为点 (x, y) 位于正在处理的图像区块的中间或其附近，因此对于 4×4 的核，m 和 n 的值可能在−2 到+1（包括+1）的区间变化。

现在使用图 3.1 中的滤波器对图 3.2 所示图像的右下角部分进行卷积。滤波器的底部两行都与图像中的 0 重叠，但是滤波器左上角的 4 个元素与正方图像的像素值 2.0 重叠，所以这个图像区块经过滤波器的结果是 8。当然，如果所有像素值都为 0，则应用滤波器后的结果值将为 0。但是如果图像区块像素值都是 10，应用滤波器后的结果值仍为 0。事实上，对于各图像区块来说，如果水平线穿过区块中部，顶部是高像素值，底部是低像素值，那么通过该滤波器会得到具有最高值的结果。重点在于滤波器对光强度的变化敏感，而不是对它们的绝对值敏感，并且由于滤波器通常比完整图像小得多，所以它们集中在局部变化上。当然，我们可以设计一个滤波器内核，直线从左上延伸到右下的图像区块经过此滤波器有很高的结果值。

0.0	0.0	0.0	0.0	0.0	0.0
0.0	2.0	2.0	2.0	0.0	0.0
0.0	2.0	2.0	2.0	0.0	0.0
0.0	2.0	2.0	2.0	0.0	0.0
0.0	0.0	0.0	0.0	0.0	0.0
0.0	0.0	0.0	0.0	0.0	0.0

图 3.2　小的正方图像

上面讨论中的滤波器，就好像它是程序员为了挑选图像中的特殊特征而设计出来的。事实上，这是深度卷积滤波出现之前的做法。深度学习方法的特殊之处在于，滤波器的值是神经网络参数，这些参数是在反向传递过程中学习到的。在我们当前关于卷积如何工作的讨论中，忽略该方法的特殊之处会降低讨论难度，所以这一节继续讨论"预先设计"的滤波器。

除了将滤波器与图像区块进行卷积，我们还要讨论将滤波器与图像进行卷积，这涉及对图像中的许多区块应用滤波器。通常我们有很多不同的滤波器，每个滤波器的目标都是提取图像中的特定特征。完成此操作后，我们可以将所有的特征值送入一个或多个全连接层，再将值输入 softmax，从而代入 loss 函数。该结构如图 3.3 所示。在该图中，我们将卷积层表示为一个三维盒子，因为一组滤波器（至少）是一个三维张量，由高度（height）、宽度（width）和不同滤波器的数量组成。

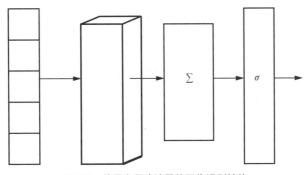

图 3.3　使用卷积滤波器的图像识别结构

在上一段中，我们用了"许多"区块这种模糊的说法。为了更为精确，我们首先定义步长（stride），即滤波器的两个应用模块之间的距离。比如说，步长为 2 相当于我们每隔一个像素应用一次滤波器。我们将步长分为水平步长 s_h 和垂直步长 s_v 以讨论具体情况。当我们处理整个图像时，我们在每 s_h 个像素之后应用滤波器。当我们到达行尾时，我们垂直下降 s_v 行，并重复这个过程。将步长设置为 2 应用滤波器时，我们仍然将滤波器应用于该区块中的所有像素（不是每隔一个像素）。唯一受步长影响的是滤波器下一次应用于什么位置。

接下来，我们通过指定卷积的填充（padding）方式，定义在应用滤波器时所说的"行尾"。TF 有两种可选的填充，即 Valid 填充和 Same 填充。在滤波器与图像特定区块进行卷积后，我们向右移 s_h 位置。有三种可能出现的情况：（a）我们离图像边界还很远，因此我们继续在这行工作；（b）对于下一个卷积区块来说，最左边的像素超出了图像边缘；（c）滤波器对应的最右边像素仍在图像中，但是最右边的像素超出了图像。Same 填充会在情况（b）下停止工作，Valid 填充会在情况（c）下停止工作。例如，图 3.4 显示了图像宽 28 像素，滤波器宽 4 像素、高 2 像素，步长设置为 1 的情况。Valid 填充在像素 24 位置停止（从 0 开始计数），这是因为下一步会达到像素 25，而要适应宽度为 4 的滤波器将需要像素 29，但它并不存在。Same 填充将继续卷积，直到像素 27 之后停止。当然，当卷积到达图像的底部时，我们在垂直方向也会做出同样的选择。

0	1		23	24	25	26	27
.	.	3.2	3.1	2.5	2.0	0	0
.	.	3.2	3.1	2.5	2.0	0	0
.	.	3.2	3.1	2.5	2.0	0	0
.	.	3.2	3.1	2.5	2.0	0	0
.	.	3.2	3.1	2.5	2.0	0	0

图 3.4　使用 Valid 填充和 Same 填充的行尾

因为在使用 Same 填充进行水平移动的情况下，停止卷积时必须使用"虚拟"

像素填充，所以我们将在何处停止卷积的决定叫作填充（padding）。此时滤波器的左侧在图像内，但右侧不在。在 TF 中，虚拟像素的值为 0。因此，使用 Same 填充时，我们需要用虚拟像素填充图像的边界。使用 Valid 填充时，却几乎不进行填充，因为在滤波器的任何部分移出图像边缘之前，我们已经停止卷积。当需要填充时（使用 Same 填充的情况），填充将尽可能均匀地应用于图像的所有边。

下式给出了在水平方向进行卷积，使用 Same 填充时，区块卷积的数量，在之后会用到。

$$\lceil i_h / s_h \rceil \tag{3.2}$$

其中 $\lceil x \rceil$ 是向上取整函数。它返回 $\geq x$ 的最小整数。假设图像宽度为奇数像素（比如 5），步长为 2 时，我们来应用向上取整函数。首先，将滤波器沿水平方向应用于区块 0～2。然后，滤波器向右移动两个位置，应用于区块 2～4。当我们到达位置 4 时，它应该应用于 4～6。因为宽度是 5，所以没有位置 6。然而，通过 Same 填充，我们在行尾添加一个 0，让滤波器在位置 4～6 能工作，区块卷积的总数是 3。如果 Same 填充没有添加额外的 0，上式将变成向下取整，而不是向上取整。同样的推理也适用于垂直方向，计算公式为 $\lceil i_v / s_v \rceil$。

使用 Valid 填充，在水平方向进行卷积时，区块卷积的数量是

$$\lfloor (i_h - f_h + 1) / s_h \rfloor \tag{3.3}$$

理解一下，如果步长是 1，i_h–f_h 是可以移动的频率（还有剩余空间的前提下），区块卷积数量等于移位数量加上 1。

尽管 Same 填充使用了虚拟像素，但是步长为 1 时，Same 填充非常受欢迎，它具有输出大小与原始图像大小相同的优点。我们经常组合许多卷积层，每一层的输出作为下一层的输入。而无论步长大小如何，Valid 填充总会使输出大小小于输入大小。通过多个卷积层后，使用 Valid 填充输出的边缘部分就逐渐被吞噬了。

在讨论实际代码之前，我们需要讨论卷积如何影响我们表示图像的方式。TF 中卷积神经网络的核心是二维卷积函数，加上可选命名参数（在此可忽略）。

```
tf.nn.conv2d(input, filters, strides, padding)
```

函数名中的 2d 表示我们正在卷积图像。也有 1d 和 3d 版本,它们分别表示卷积一维对象,比如音频信号,和卷积三维对象,比如视频剪辑。该函数第一个参数是一个批大小的图片。到目前为止,我们都把单个图片看作是一个二维数组——每个数字表示光强度。如果将批大小纳入考虑,输入会是一个三维张量。

但是 tf.nn.conv2d 要求将单个图像表示成三维对象,其中最后一个维度是通道(channel)向量。如前所述,普通彩色图像有三个通道——红色、绿色和蓝色各对应一个通道。从现在开始,当我们讨论图像时,仍然在讨论一个 2D 像素数组,但是每个像素都是一个光强度列表(list),该列表含一个值的用于表示黑白图像,三个值的用于表示彩色图像。

卷积滤波器也是如此。一个 *m×n* 的滤波器与 *m×n* 的像素匹配,而像素和滤波器都可能有多个通道。举个有些奇怪的例子,我们创建了一个滤波器来寻找番茄酱瓶子的水平边缘,如图 3.5 所示。当输入光的红色非常强烈,而蓝色和绿色不那么强烈时,滤波器的最上面一行激活程度最高。下面两行的激活则需要强烈的蓝色和绿色,少一些红色(这就是差别)。

(1, −1, −1)	(1, −1, −1)	(1, −1, −1)	(1, −1, −1)
(−1, 1, 1)	(−1, 1, 1)	(−1, 1, 1)	(−1, 1, 1)
(−1, 1, 1)	(−1, 1, 1)	(−1, 1, 1)	(−1, 1, 1)

图 3.5 检测番茄酱瓶子水平边缘的简单滤波器

图 3.6 展示了一个简单的 TF 示例,将一个小卷积特征应用于一个小型虚构图像。如上所述,第一个输入 conv2D 的是一个 4D 张量,即常量 I。在提到 I 之前,我们在注释中展示了一个简单的 2D 数组,既没有额外的批的维度(为 1),又没有通道的维度(为 1)。第二个参数是 4D 的滤波器张量,即 W,同样带有 2D 版本的注释,该版本数组中没有额外的通道维度和滤波器数量维度(各为 1)。然后,我们展示了对 conv2D 的调用,水平和垂直步长均为 1,并使用 Valid 填充。最后的结果形状是 4D [批大小(1),高度(2),宽度(2),通道(1)]。正如我们在使用 Valid 填充时所预期的那样,高度和宽度比图像尺寸要小得多。此外由于滤波器被设计成检测垂直线,这正是图像中出现的,它也如我们预计那样活跃(值为 6)。

```
ii = [[ [[0],[0],[2],[2]],
        [[0],[0],[2],[2]],
        [[0],[0],[2],[2]],
        [[0],[0],[2],[2]] ]]
''' ((0 0 2 2)
     (0 0 2 2)
     (0 0 2 2)
     (0 0 2 2))'''
I = tf.constant(ii, tf.float32)

ww = [ [[[-1]],[[-1]],[[1]]],
       [[[-1]],[[-1]],[[1]]],
       [[[-1]],[[-1]],[[1]]] ]
'''((-1 -1 1)
    (-1 -1 1)
    (-1 -1 1))'''
W = tf.constant(ww, tf.float32)

C = tf.nn.conv2d( I, W, strides=[1, 1, 1, 1], padding='VALID')
sess = tf.Session()
print sess.run(C)
'''[ [[ 6.] [ 0.]]
     [[ 6.] [ 0.]]]]'''
```

图 3.6　使用 conv2D 的简单实践

3.2　一个简单的 TF 卷积例子

现在我们进行将第 2 章的 TF Mnist 前馈程序转化为卷积神经网络模型的练习。创建的代码如图 3.7 所示。

```
 1 image = tf.reshape(img, [100, 28, 28, 1])
 2     #Turns img into 4d Tensor
 3 flts=tf.Variable(tf.truncated_normal([4,4,1,4],stddev=0.1))
 4     #Create parameters for the filters
 5 convOut = tf.nn.conv2d(image, flts, [1, 2, 2, 1], "SAME")
 6     #Create graph to do convolution
 7 convOut= tf.nn.relu(convOut)
 8     #Don't forget to add nonlinearity
 9 convOut=tf.reshape(convOut,[100, 784])
10     #Back to 100 1d image vectors
11 prbs = tf.nn.softmax(tf.matmul(convOut, W) + b)
```

图 3.7　将图 2.2 中代码转换为卷积神经网络所需的主要代码

如前所述，关键的 TF 函数调用是 `tf.nn.conv2d`。因此在图 3.7 中，我们仔细观察第 5 行：

```
convOut = tf.nn.conv2d(image, flts, [1, 2, 2, 1], "SAME")
```

我们依次研究每个参数。正如刚才讨论的，`image` 是一个四维张量——在本例中是一个三维图像的向量。我们选择批大小为 100，所以 `tf.nn.conv2d` 需要 100 张 3D 图像。由于读取数据的函数在本例中读取的是（长度为 784 的）一维图像的向量，因此图 3.7 中的第 1 行：

```
image = tf.reshape(img,[100, 28, 28, 1])
```

将输入的形状转换成 [100,28,28,1]，其中最后的"1"表示我们只有一个输入通道。`tf.reshape` 的工作方式与 NumPy reshape 非常相似。

第 5 行中 `tf.nn.conv2d` 调用的第二个参数指向所使用的滤波器。这也是一个 4D 张量，其形状为

[高度，宽度，通道，滤波器数量]

第 3 行创建滤波器参数。我们选择了 4 乘 4 滤波器（[4,4]），每个像素有一个通道（[4,4,1]），并创建了四个滤波器（[4,4,1,4]）。注意，滤波器的高度和宽度以及创建的滤波器数量，都是超参数。通道数量（在本例中为 1）由图像中的通道数量决定，因此是固定的。非常重要的一点是，我们终于实现了初始的承诺，即在第 3 行创建滤波器值作为神经网络模型的参数（初始值平均值为零，标准偏差为 0.1），以便模型学习这些值。

`tf.nn.conv2d` 的步长参数是四个整数组成的列表，这四个整数表示输入的四个维度的步长大小。在第 5 行中可以看到我们选择了 1、2、2、1 这四个步长。实际上，第一个和最后一个步长几乎总是 1。毕竟，第一维度是批处理中单独的 3D 图像，如果这个维度的步长是 2，就会跳过一幅图像。而在有三个颜色通道的情况下，如果最后一个步长大于 1，比如说 2，那么我们只能看到红色和蓝色的光。因此，步长的典型值是 (1,1,1,1)。如果我们希望在水平和垂直方向上每隔一个像素进行卷积，那么步长值为 (1,2,2,1)。这就是为什么 `tf.nn.conv2d` 的介绍中第一个和最后一个步长大小总是 1。

最后一个参数代表填充方式，是 TF 可识别的填充类型的字符串，例如，SAME。

`conv2d` 的输出与输入非常相似。同输入一样，输出也是一个 4D 张量，且

其第一维度是批大小。换句话说，输出是一个向量，由每个输入图像对应的一个卷积输出组成。输出的张量第二、第三维度分别是水平方向和垂直方向上卷积滤波的数量，它们可以由式（3.2）和式（3.3）得出。输出张量的最后一个维度是与图像进行卷积的滤波器数量。也就是说，输出形状为

[批大小，水平卷积数量，垂直卷积数量，滤波器数量]

在本例中，输出形状是[100,14,14,4]。如果我们认为输出是一种"图像"，那么输入是 28 乘 28，且只有 1 个通道，但是输出是 14 乘 14，有 4 个通道。这意味着在这两种情况中，图像都由 784 个数字表示。我们选择用 784 个数字表示图像是为了与第 2 章的内容对应，但是并不是必须这样做。比方说，我们可以选择16 个不同的滤波器，最终得到（14×14×16 = 3136）个数字表示的图像。

在第 11 行中，我们将这 784 个值送入一个全连接层中，该层为每个图像生成 logit 向量，这些 logit 又被送入 softmax 中，然后计算交叉熵损失（图 3.7 中未展示）。由此我们为 Mnist 提供了一个非常简单的卷积神经网络。代码的大致情况与图 2.2 类似。此外，图 3.7 的第 7 行在卷积的输出和全连接层的输入之间加了非线性激活函数。这是非常重要的，正如之前解释的，如果线性单元之间没有非线性激活函数，就不会有任何改进。

这个程序的性能明显优于第 2 章前馈版本的性能（92%），可以达到 96%或更高准确率，这取决于随机初始化。两个版本的模型参数量几乎相同。在这两个版本中，前馈层都在 W 中使用 7,840 个权重，在 b 中使用 100 个偏置（在全连接层中，每个单元使用 784 + 10 个权重，乘 10 个单元）。卷积操作增加了四个卷积滤波器，每个滤波器具有 4×4 的权重，或者说增加了 64 个参数。这就是为什么我们将卷积输出大小设置为 784。在零阶近似下，当我们增加神经网络的参数时，它的性能就会提高。然而在这里，为了便于对比，参数的数量基本上保持不变。

3.3 多层卷积

如前所述，我们可以通过将一层卷积改造成多层卷积来提高准确性。在本节中，我们构建一个两层模型。

我们在讨论 `tf.conv2d` 的输出时，提到了多层卷积的关键：它与图像输入具有相同的格式，两者都是 3D 图像的批向量，而且 3D 图像是 2D 加上一个额外的通道维度。因此，一层卷积的输出可以是第二层的输入，这正是我们需要的。

如果讨论的是 placeholder 这种来自数据的图像，那最后一个维度是指颜色通道。如果是讨论 conv2d 的输出，那最后一个维度是卷积层中不同滤波器的数量。这里的"滤波器"用得恰到好处，因为为了只让蓝光通过透镜，我们会在透镜前面放了一个真实的彩色滤波器，由此三个滤波器可以得到 RGB 光谱表示的图像。现在我们从伪光谱如"水平线-边界光谱"得到"图像"，这是经过图 3.1 所示的滤波器产生的虚拟图像。此外，正如用于 RGB 图像的滤波器具有与三个光谱相对应的权重一样，第二卷积层具有对应第一卷积层每个通道输出的权重。

在图 3.8 中，我们给出了将前馈 Mnist 神经网络转换成两层卷积模型的代码。第 1～4 行是图 3.7 除第 2 行外的前几行的重复，我们将第一卷积层中的滤波器数量（从早期版本的 4 个）增加到 16 个。第 5 行创建第二层卷积的滤波器 flts2，我们创建了 32 个滤波器，第 6 行代码显示，第一层卷积输出的 16 个通道的值成为第二卷积层的输入通道值。

```
1 image = tf.reshape(img, [100, 28, 28, 1])
2 flts=tf.Variable(tf.normal([4, 4, 1, 16], stddev=0.1))
3 convOut = tf.nn.conv2d(image, flts, [1, 2, 2, 1], "SAME")
4 convOut= tf.nn.relu(convOut)
5 flts2=tf.Variable(tf.normal([2, 2, 16, 32], stddev=0.1))
6 convOut2 = tf.nn.conv2d(convOut, flts2, [1, 2, 2, 1], "SAME")
7 convOut2 = tf.reshape(convOut2, [100, 1568])
8 W = tf.Variable(tf.normal([1568,10],stddev=0.1))
9 prbs = tf.nn.softmax(tf.matmul(convOut2, W) + b)
```

图 3.8　将图 2.2 转换成两层卷积神经网络所需的主要代码

当我们在第 7 行线性化其输出值时，得到（784×2）个输出值。784 个像素是起始值，每个卷积层在水平方向和垂直方向都使用步长 2。因此，第一次卷积后得到的 3D 图像维度是[14,14,16]。第二次卷积在 14 乘 14 的图像上进行，步长为 2，通道为 32，因此输出是[100,7,7,32]。而且第 7 行中的单个图像的线性化版本有 7×7×32 = 1,568 个标量值，这也是 W 的高度，W 将这些图像值转换成 10 个 logit。

从细节跳出，我们看一下模型的整体流程。我们从一张 28×28 的图片开始，最后得到一张 7×7 的图片。但是在这个 2D 阵列的每个点上，我们有 32 个不同的滤波器值。换句话说，在最后，我们已经将图像分割成 49 个区块，每个区块最初是 4×4 像素，现在则有 32 个滤波器值。由于卷积提高了性能，我们可以假设这些值确切地反映了它们对应的 4×4 像素区块的情况。

情况就是这样。乍看之下，滤波器中的值可能令人困惑，但仔细研究前几层，可以帮助我们揭示滤波器"结构"中的一些逻辑。图 3.9 显示了八个第一层卷积滤波器中的四个滤波器的 4×4 权重，这八个滤波器是通过图 3.7 代码的一次运行学习到的。如果你想探索四个滤波器的 4×4 权重能捕捉到什么，与图 3.10 合在一起理解会对你有所帮助。输入数字 7 的标准图像，经过第一卷积层之后，注意图像中对应输出的 14×14 个点的最高值对应的滤波器，由此创建了图 3.10。7 的轮廓很快就从大片零值中显现出来，因此滤波器 0 与包含所有零值的区域相关联。接下来我们注意到，数字 7 的斜线的右边缘几乎都是滤波器 7 的值，而数字 7 的横线的底部对应的都是滤波器 1 的值。再次查看滤波器的值：一方面，滤波器 1、2 和 7 似乎都符合图 3.9 中的结果；另一方面，滤波器 0 中没有任何内容提示空白。然而，后者也是说得通的。我们使用的 NumPy 的 argmax 函数，返回数字列表中最大数字的位置。空白区域的所有像素值都为零，因此所有滤波器都返回零。如果 argmax 函数在所有值都相等的情况下返回第一个值，这就是我们所期望的。

```
-0.152168 -0.366335 -0.464648 -0.531652
0.0182653 -0.00621072 -0.306908 -0.377731
0.482902 0.581139 0.284986 0.0330535
0.193956 0.407183 0.325831 0.284819


0.0407645 0.279199 0.515349 0.494845
0.140978 0.65135 0.877393 0.762161
0.131708 0.638992 0.413673 0.375259
0.142061 0.293672 0.166572 -0.113099


0.0243751 0.206352 0.0310258 -0.339092
0.633558 0.756878 0.681229 0.243193
0.894955 0.91901 0.745439 0.452919
0.543136 0.519047 0.203468 0.0879601


0.334673 0.252503 -0.339239 -0.646544
0.360862 0.405571 -0.117221 -0.498999
0.520955 0.532992 0.220457 0.000427301
0.464468 0.486983 0.233783 0.101901
```

图 3.9　双层卷积神经网络创建的 8 个滤波器中的 0、1、2、7 滤波器

图 3.11 与图 3.10 相似，但是有一点不同，图 3.11 显示的是模型第 2 层中最活跃的滤波器，它的可解释性不如第 1 层。对于为什么会出现这种情况，有各种各样的争论。我们之所以仍给出图 3.11，主要是因为虽然第一卷积层的图更易解释，但是不能保证第一层看到的活跃特征是有代表性的。

```
0 0 0 0 0 0 0 0 0 0 0 0 0 0
0 0 0 0 0 0 0 0 0 0 0 0 0 0
0 0 0 0 0 0 0 0 0 0 0 0 0 0
0 0 5 2 2 2 2 2 2 2 2 0 0 0
0 0 1 4 4 4 4 4 2 2 0 0 0
0 0 1 1 1 1 1 1 1 2 7 0 0
0 0 0 0 0 0 5 1 4 2 7 0 0
0 0 0 0 0 0 5 1 2 7 0 0 0
0 0 0 0 0 5 1 4 2 7 0 0 0
0 0 0 0 0 5 2 1 2 7 0 0 0 0
0 0 0 0 0 5 1 4 2 0 0 0 0
0 0 0 0 5 1 4 2 7 0 0 0 0
0 0 0 0 2 1 2 2 0 0 0 0 0
0 0 0 0 1 1 1 7 0 0 0 0 0
```

图 3.10   处理图 1.1 之后，第 1 层输出的 14×14 个点上的最活跃的特征

0	0	0	0	0	0	0
17	11	31	17	17	16	16
6	16	12	6	6	5	5
17	17	17	5	24	5	10
0	0	11	26	3	5	0
0	17	11	24	5	10	0
0	6	24	8	5	0	0

图 3.11   处理图 1.1 之后，第 2 层中 7×7 个点上的最活跃的特征

3.4 卷积细节

3.4.1 偏置

卷积核也会有偏置（bias）。我们直到现在才提到这一点，是因为它没有体现在前面的例子中。上一个例子中，每个区块都应用了多个滤波器，图 3.8 所示的第 2 行指定了 16 个不同的滤波器，我们考虑加入偏置。通过在通道的卷积输出中添加不同的值，一个偏置可以使程序给一个滤波器通道的权重大于或小于另一个滤波器通道。因此，在卷积层上的偏置变量的数量等于输出通道的数量。例如，在图 3.8 中，我们可以通过在第 3 行和第 4 行之间添加以下内容以增加偏置。

```
bias = tf.Variable(tf.zeros [16])
convOut += bias
```

这里广播机制是隐晦的。当 convOut 的形状是[100,14,14,16]时，bias 的形状是[16]，所以加法运算隐晦地创造了[100,14,14]个偏置副本。

3.4.2　卷积层

2.4.4 节展示了如何使用 layers 来高效编写神经网络架构的一个标准组件——全连接层。卷积层也有同样的函数：

```
tf.contrib.layers.conv2d(inpt,numFlts, fltDim, strides, pad)
```

加上可选的命名参数，例如，图 3.8 中的第 2 行至第 4 行可以替换为

```
convOut = layers.conv2d(image,16, [4,4], 2,"Same")
```

convOut 表示卷积输出。和之前一样，我们创建了 16 个不同的滤波器，每个滤波器的维度都是 4×4。水平和垂直方向的步长都是 2，且使用 Same 填充。这与非 layers 版本并不完全相同，因为 layers.conv2d 假设你需要偏置，除非另有说明。如果我们并不需要偏置，我们只需给相应命名参数赋值 use_bias=False。

3.4.3　池化运算（pooling）

在处理较大图像（如 1000×1000 像素）时，原始图像到送入全连接层的值之间，有极其显著的大小缩减。一些 TF 函数可以帮助进行这种缩减。请注意，在我们的程序中，这种缩减是因为卷积中的步长为 2（总是跳过一个区块）产生的。我们可以采用以下两行代码取代设步长为 2 的方式。

```
convOut = tf.nn.conv2d(image, flts, [1,1,1,1], "SAME")
convOut = tf.nn.max pool(convOut, [1,2,2,1], [1,2,2,1], "SAME")
```

这两行用来取代图 3.8 中的第 3 行。我们首先在步长为 1 的前提下应用了卷积。因此，convOut 的形状是[批大小,28,28,1]——图像尺寸没有减小。第 2 行的图像缩减的大小正好等于我们最初使用的 2 个步长所产生的图像缩减。

这里的关键函数 max_pool 可用于取图像中某个区块上的卷积最大值。它有四个参数，其中三个与 conv2d 相同，即，第一个是标准的图像 4D 张量，第三个是步长，最后一个是填充方式。在上面的例子中，max_pool 处理的是 convOut，即第一个卷积的 4D 输出。它的步长列表为[1,2,2,1]。步长列表的第一

个元素表示遍历批中的每个图像，最后一个元素表示遍历每个通道。而两个 2
表示在再次进行操作之前在水平和垂直方向移动两个单位。不同的是
`max_pool` 的第二个参数表示它所要取最大值的区块的大小。和之前一样，第
一个 1 和最后一个 1 是强制性不变的，而中间的两个 2 指定在 2×2 的 `convOut`
区块上取最大值。

图 3.12 对比了 Mnist 程序中实现缩减因子为 4 的两种不同方法，这里的例子
是 4×4 的图像（数字是虚构的）。在第 1 行中，我们应用步长为 2 的滤波器（使
用 Same 填充），并得到 2×2 的数组。在第 2 行中，我们应用步长为 1 的滤波器，
它创建了一个 4×4 数组。然后，对于每个单独的 2×2 区块，我们取最大值，得到
图 3.12 右下方的最终数组。

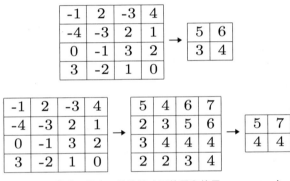

图 3.12　缩减因子为 4 的降维（不使用和使用 `max_pool`）

除了 `max_pool` 这一函数外，还有 `avg_pool` 函数，它的工作原理与
`max_pool` 相同，只是 `avg_pool` 取的是各个值的平均值，而不是最大值。

3.5　参考文献和补充阅读

Yann LeCun 等人首先介绍了通过神经网络和反向传播学习卷积核的方法
[LBD+90]。后期 LeCun 等人对这个主题进行了更完整的探索，撰写了权威文献
[LBBH98]。谷歌提供的 Mnist 数字识别教程[Ten17b]对我学习卷积神经网络知识
也有一定帮助。

如果你想使用神经网络识别图像，并希望再练习一个项目，我推荐使用
CFAIR10（CFAIR 即加拿大高级研究所）数据集[KH09]。这也是一个"十分类"
图像分类任务，但是识别的对象更复杂（如飞机、猫、青蛙等）。不仅如此，图

像是彩色的，背景也很复杂，要分类的图像也没有很好地居中，图像尺寸也更大[32,32,3]。该数据集的图像总数和 Mnist 图像数相当，约为 60,000 张，因此总的数据特征是可控的。还有一个在线谷歌教程，介绍如何为这项任务构建一个神经网络[Ten17a]。

如果你非常有雄心壮志，你可以尝试使用 Imagenet 大规模视觉识别挑战（ILSVRC）数据集。ILSVRC 的使用难度很大，它有 1,000 种图像类型，包括典型的类别，如薯条或土豆泥。过去六七年来，这一直是专业的计算机视觉研究人员在年度竞赛中才会使用的数据集。对神经网络来说，最重要的一年是 2012年，Alexnet 深度学习程序赢得了竞赛，这是神经网络程序第一次获胜。Alexnet由 Alex Krizhevsky、Ilya Sutskever 和 Geoffrey Hinton 编写[KSH12]，其 top-5错误率低至 15.5%。即根据程序预测的概率进行排序，对一张图像预测 5 个类别，只要有一个和人工标注类别相同就算对，而 Alexnet 在 15.5%的情况下没有预测正确（top-5 错误率=正确答案不在模型输出的前 5 个最佳标签中的样本数/总样本数）。第二名错误率为 26.2%。自 2012 年以后，所有的第一名程序都使用神经网络。

```
2012  15.5
2013  11.2
2014  6.7
2015  3.6
Human 5~10
```

其中 Human（人类）条目表明，经过训练之后，人类在这项任务上的 top-5错误率在 5%到 10%的范围内。

包含上述信息的表格和图表常用于展示过去十几年深度学习对人工智能的影响。

3.6 习题

练习 3.1 （a）设计一个 3×3 滤波器，检测黑白图像中的垂直线，并且在应用于图 3.2 中图像的左上角时，可以返回值 8。如果区块中的所有像素值相等，返回 0。（b）设计另一个满足同样要求的滤波器。

练习 3.2 在对式（3.2）的讨论中，我们在注释中表示，当使用 Same 填充时，卷积滤波器的大小对卷积的数量没有影响。解释原因。

练习 3.3 在讨论填充时，我们说过 Valid 填充总是生成比输入图像更小的 2D 维度图像。严格来说，情况并非如此。解释何种情况下，该陈述为假。

练习 3.4 假设卷积神经网络的输入是 32×32 的彩色图像，我们想对其应用八个形状为 5×5 的卷积滤波器，使用 Valid 填充，垂直和水平步长均为 2。（a）存储滤波器的变量的形状是什么？（b）tf.nn.conv2d 的输出是什么形状的？

练习 3.5 解释以下代码与 3.4.3 节开头类似代码的不同之处。

```
convOut = tf.nn.conv2d(image, flts, [1,1,1,1], "SAME")
convOut = tf.nn.maxpool(convOut, [1,2,2,1], [1,1,1,1], "SAME")
```

在这两处代码中，对于任意取值的 image 和 flts，convOut 的形状相同吗，为什么？convOut 一定会有相同的值吗，为什么？一组值是另一组值的真子集吗？在什么情况下是，什么情况下不是，为什么？

练习 3.6 （a）当我们执行以下 layers 命令时，创建了多少变量？

```
layers.conv2d(image,10, [2,4], 2, "Same", use_bias=False)
```

假设 image 的形状是[100,8,8,3]，哪些形状与答案不相关？（b）如果 use_bias 设置为 True（默认值），又有多少是不相关的？

第4章
词嵌入与循环神经网络

本章讲述的主要内容包括：语言模型的词嵌入；构建前馈语言模型；改进前馈语言模型；过拟合；循环网络；长短期记忆模型；参考文献和补充阅读；习题。

4.1 语言模型的词嵌入

语言模型构建的是一种语言的所有字符串的概率分布。乍一看很难理解这个概念。举个例子，你很可能从未看过前面的句子"乍一看……"，并且除非你再读一遍本书，否则你将再也看不到它。无论它的概率是多少，一定非常小。而保持句子每个单词不变，只是颠倒单词的顺序，这样的句子存在的概率比之前的句子还要小很多倍。所以字符串的合理性有大有小。此外，如果程序想要将波兰语翻译成英语，它需要一定的能力区分哪些句子听起来像英语，哪些不像英语。语言模型正是这个想法的形式化。

我们可以通过将字符串分解成单独的单词来进一步了解这个概念。给定前几个单词，下一个单词出现的概率是多少？设 $E_{1,n} = (E_1, \cdots, E_n)$ 为 n 个随机变量的序列，表示由 n 个单词组成的字符串，$e_{1,n}$ 为一个候选值。如果 n 是 6，那么 $e_{1,6}$ 可能是（We live in a small world），我们可以用概率中的链式法则得出

$$P(\text{We live in a small world}) = P(\text{We})P(\text{live|We})P(\text{in|We live})\ldots \quad (4.1)$$

更概括一些，

$$P(E_{1,n} = e_{1,n}) = \prod_{j=1}^{n} P(E_j = e_j \mid E_{1,j-1} = e_{1,j-1}) \quad (4.2)$$

在继续讲解之前，我们回顾一下前面提到的"将字符串分解成单词"。我们称其为标记化（tokenization），如果这是一本关于文本理解的书，我们可能会单

独用一章来讲这个。但是我们有其他重点内容要处理，所以只在这里进行简单解释：一个"单词"是两个空格（在这里我们视换行也为空格）之间的任何字符序列。这意味着，例如，"1066"是句子"The Norman invasion happened in 1066."中的一个单词。实际上这是错误的：根据我们对"单词"的定义，上面句子中出现的单词是"1066."，即"1066"后面加上一个句号。因此，我们还要假定标点符号（例如句号、逗号和冒号）是从单词中分离出来的，因此最后的句号独立于它前面的单词"1066"而独立成为一个单词。（从这里可以看出我们如何能花一整章的时间来讨论这个问题。）

同时，我们要把英语词汇表数量限制在一定的范围内，比如 10,000 个不同的单词。我们用 V 表示词汇表，$|V|$ 表示它的大小。这是有必要的，因为根据上述对"单词"的定义，我们预料会在验证和测试集中看到训练集中没有出现的单词——例如，"The population of Providence is 132,423." 中的 "132,423"。我们用一个特殊的单词 "*UNK*" 替换所有不在 V 中的单词（所谓的未登录词）。所以现在语料库中这句话是 "The population of Providence is *UNK*."

我们在本章中使用的数据来自宾州树库语料（Penn Treebank Corpus，简称 PTB）。PTB 是从《华尔街日报》收集的新闻报道，有大约 100 万个单词。语料已被标记，但没有使用 "*UNK*" 表示，因此词汇表数量接近 50,000 个单词。它被称为 "树库"，因为所有的句子都转换成解析树的格式，以显示它们的语法结构。这里我们只对单词感兴趣，所以忽略树式结构。此外，我们用 *UNK* 替换出现不到 10 次（含 10 次）的所有单词。

这个问题解决了，让我们回到式（4.2）。如果我们有大量的英文文本，我们可以估算公式右边前两个或前三个概率。以 "We live" 和 "in" 为例：首先计算 "We live" 的频率和紧接出现 "in" 的频率，接着将第二个频率除以第一个频率（即，使用极大似然估计）得到 $P(\text{in}|\text{We live})$ 的估计。但是随着 n 变大，由于训练语料库中缺少特定序列的样本，如 50 个单词的序列，导致这种方法不可行。

针对这个问题，一般的应对方法是假设下一个单词的概率只取决于前一个或两个单词，这样在估计下一个单词的概率时，我们可以忽略之前的所有单词。我们假设单词仅依赖于前一个单词，如下所示：

$$P\left(E_{1,n}=e_{1,n}\right)=P\left(E_1=e_1\right)\prod_{j=2}^{j=n}P\left(E_j=e_j\middle|E_{j-1}=e_{j-1}\right) \tag{4.3}$$

它称为二元（bigram）模型，"二元" 表示 "两个单词"。之所以这样叫，是因为根据假设，每个概率只取决于两个单词的序列。如果我们在语料库的开头和每个句子之后加上一个假想词 "STOP"，这样可以简化这个公式，这称为句子填充。如果第一个 "STOP" 是 e_0，式（4.3）变为

$$P(E_{1,n} = e_{1,n}) = \prod_{j=1}^{j=n} P(E_j = e_j \mid E_{j-1} = e_{j-1}) \qquad (4.4)$$

自此，我们假设我们所有的语言语料库都是带有句子填充的。因此，除了第一个 STOP，我们的语言模型预测所有 STOP 以及所有真实单词。

通过简化，我们可以看到，创建一个糟糕的语言模型是不难的。假设 $|V| = 10,000$，我们可以将任一单词跟在其他单词后面的概率视为 $\frac{1}{10000}$。当然，我们想要的是一个有用的语言模型——如果上一个单词是 "the"，那么根据概率分布，分配给 "a" 的概率就很低，而分配给 "cat" 的概率就高得多。我们通过深度学习来做到这一点。也就是说，我们给深度网络一个单词 w_i，并为可能紧接出现的单词输出一个合理的概率分布。

首先，我们需要以某种方式将单词转化为深度网络可以操作的类型，比如，浮点数。现在标准方法是将每个单词与浮点数向量关联起来。这些向量称为词嵌入（word embedding）。我们将每个单词的嵌入初始化为 e 个浮点数的向量，其中 e 是一个系统超参数。e 取 20 的话偏小了，通常取 100，取 1,000 也可以。我们实际上通过两步将单词转换为浮点数向量。首先，每个单词在词汇表 V 中有自己的独特索引，索引为整数，大小在 0 到 $|V|-1$ 之间。然后我们有一个维度为 $|V|$ 乘 e 的矩阵 E。E 包含所有的词嵌入，所以，如果 "the" 的索引是 5，那么 E 的第 5 行就是 "the" 的嵌入向量。

根据前段所述，我们构建了一个非常简单的前馈网络，用于估计下一个单词的概率，如图 4.1 所示。左边的小方块是网络的输入——当前单词 e_i 的整数索引。最右边得出的是分配给下一个可能出现单词 e_{i+1} 的概率。交叉熵损失函数是 $-\ln P(e_c)$，即分配给正确的下一单词的概率的负自然对数。再次回到左边，通过嵌入层（可查找 E 中第 e_i 行）将当前单词立即转换为其嵌入向量。自此，所有的神经网络操作都在词嵌入的基础上进行。

E 是模型的一个参数，这一点很重要。也就是说，最初 E 中的数字是随机的，均值为零，标准差较小，并且它们的值根据随机梯度下降而修改。概括来说，在反向传递中，Tensorflow 从损失函数开始并反向进行工作，寻找影响损失的所有

参数。**E** 就是这样一个参数，所以 TF 会修改它。这个过程不仅会收敛到一个稳定的解，这个解还具有让人惊异的特性，即行为相似的单词最终会对应"紧挨在一起"的嵌入向量。因此，如果 e（嵌入向量的大小）是 30，那么介词"near"和"about"在 30 维空间中指向大致相同的方向，并且两者都不是非常接近单词"computer"（"computer"更接近"machine"）。

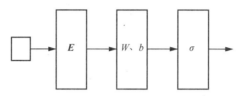

图 4.1　用于语言建模的前馈网络

仔细想想这也没什么好奇怪的。我们可以思考当我们试图最小化损失时，嵌入向量会发生什么。如前所述，损失函数是交叉熵损失。由于所有的模型参数都是大致相等的（并且接近于零），所以最初的所有 logit 值也都大致相等。

假设我们已经训练了"says that"这两个单词，使得模型参数根据以下方式移动，即，"says"的嵌入向量会导致接下来"that"出现的概率更高。现在假设模型第一次看到单词"recalls"，并且"recalls"后面也跟着一个"that"。有一种方法可以修改参数使得"recalls"预测"that"的概率更高，那就是，使"recalls"的嵌入向量变得更类似于"says"的嵌入向量，因为它们都想预测"that"为下一个单词。事实上确实是这样的。推而广之，如果两个单词后面跟着相似的单词，这两个单词会得到相似的嵌入向量。

图 4.2 展示了我们在约 100 万个单词的文本上使用词汇表大小为 7,500 以及嵌入向量大小为 30 时运行模型的情况。两个向量的余弦相似度是衡量两个向量之间距离的标准指标。在二维向量中，它是标准余弦函数，如果向量指向相同的方向，余弦相似度为 1.0；如果两个向量正交，则为 0；如果指向相反方向，则为 −1.0。任意维余弦相似度的计算公式是

$$\cos(\boldsymbol{x}, \boldsymbol{y}) = \frac{\boldsymbol{x} \cdot \boldsymbol{y}}{(\sqrt{\sum_{i=1}^{i=n} x_i^2})(\sqrt{\sum_{i=1}^{i=n} y_i^2})} \tag{4.5}$$

图 4.2 显示了序列为 0 到 9 的五对相似的单词。我们计算了每个单词与前面所有单词的余弦相似度。因此，我们预期所有奇数号单词与紧接在前面的单词最相似，事实的确如此。我们预计偶数号单词（每对相似单词中的第一个）与前面

的任一单词都不太相似,实际上大多数情况也是这样的。

单词索引	单词	最大余弦相似度	最相似单词索引
0	under		
1	above	0.362	0
2	the	−0.160	0
3	a	0.127	2
4	recalls	0.479	1
5	says	0.553	4
6	rules	−0.066	4
7	laws	0.523	6
8	computer	0.249	2
9	machine	0.333	8

图 4.2 十个单词,与前面单词的最大余弦相似度,以及相似度最高的单词的索引

因为嵌入向量相似度在很大程度上反映了语义的相似性,所以嵌入向量是量化"语义"的一种方法,针对嵌入向量的研究也多不胜数。我们现在知道了如何大幅度提高嵌入向量的效果,主要影响的因素是我们用于训练的单词数量,虽然也有其他的架构可以帮助改善结果,然而,大多数方法都有相似的局限性。例如,这些方法难以区分同义词和反义词(如"under"和"above"可以说是反义词)。语言模型试图猜测下一个单词,如果两个单词后面跟着相似的单词,这两个单词会得到相似的嵌入向量,而反义词正符合这一特性。此外,训练一个好的短语嵌入向量模型比单个单词的模型要困难得多。

4.2 构建前馈语言模型

现在让我们构建一个 TF 程序计算二元概率。它与图 2.2 中的数字识别模型非常相似,因为在这两种情况下,我们都有一个以 softmax 结尾的全连接前馈神经网络,以产生交叉熵损失所需的概率。这两个程序只有以下几点区别。

首先,在本节的程序中,神经网络不是将图像作为输入,而是将单词索引 i(其中 $0 \leqslant i < |V|$)作为输入,并用该单词的嵌入向量 $E[i]$ 代替 i。

```
inpt=tf.placeholder(tf.int32, shape=[batchSz])
answr=tf.placeholder(tf.int32, shape=[batchSz])
```

```
E = tf.Variable(tf.random_normal([vocabSz, embedSz],
                                   stddev = 0.1))
embed = tf.nn.embedding_lookup(E, inpt)
```

我们假设此处有未显示的代码来读取单词，并用唯一的单词索引替换单词。此外，这段代码将 batchSz 个索引打包到一个向量中，inpt 指向这个向量。每个单词的正确答案（文本中的下一个单词）是一个类似的向量 answr。接下来，我们创建了嵌入向量查找矩阵 E。函数 tf.nn.embedding_lookup 会创建必要的 TF 代码并将其放入计算图中。之后的操作（例如 tf.matmul）将在 embed 上进行。当然，TF 可以决定如何更新 E 以降低损失，就像其他模型参数一样。

转到前馈网络的另一端，我们使用内置 TF 函数来计算交叉熵损失。

```
xEnt = tf.nn.sparse_softmax_cross_entropy_with_logits
               (logits=logits,labels=answr)
loss = tf.reduce_sum(xEnt)
```

TF 函数 tf.nn.sparse_softmax_cross_entropy_with_logits 接受两个命名参数。这里 logits 参数（方便起见我们称之为 logits）是 batchSz 个 logit 值（即，维度为 batchSz 乘 vocabSz 的 logit 矩阵）。labels 参数是正确答案的向量。该函数将 logit 值送入 softmax 中，以得到 batchSz 乘 vocabSz 的概率列向量。也就是说，softmax 函数的第 i 行、j 列的元素 $s_{i,j}$ 是该批中第 i 个样本中单词 j 出现的概率。然后，该函数找到每一行正确答案（来自 answr）的概率，计算其自然对数，并输出一个维度为 batchSz 乘 1 的矩阵（实际上是一个列向量）。上面代码的第二行将该列向量作为输入并对其求和，以获得该批样本的总损失。

这里用到的"sparse"这个词和稀疏矩阵（sparse matrix）中的"sparse"是一样的（可能是由此而来）。稀疏矩阵非零值非常少，因此为了有效利用空间，只存储非零值的位置和值。第一个 TF Mnist 程序（图 2.2）计算损失时，我们假设数字图像的正确标签是以独热向量的形式存在的，并且只有正确答案的位置非零。在 tf.nn.sparse_softmax 中，我们只是给出正确的答案，正确答案可以看作独热向量形式的稀疏版本。

带着这段代码回到语言模型。我们对样本进行了几轮训练，并得到了图 4.2 中展示的单词相似性的一些嵌入向量。此外，如果我们想评估语言模型，我们可以在每轮操作之后打印输出训练集的总损失。它应该随着轮数的增加而减少。

在第 1 章（1.4 节）中，我们建议在每轮训练期间，打印输出平均每个样本的损失，因为如果我们的参数正在改进模型，损失应该会减少（我们看到的数字应该会变小）。在这里，我们对这个建议做一个小调整。首先，语言建模中，一个"样本"就是给下一个可能的单词分配概率，所以训练样本的数量就是训练语料库中的单词数量。因此，我们不谈论平均每个样本的损失，而是谈论平均每词损失（average per-word loss）。接下来，不打印输出平均每词损失，而是打印输出 e 的平均每词损失次方。也就是说，对于包含|d|个单词的语料库 d，如果总损失是 x_d，则打印输出

$$f(d) = e^{\frac{x_d}{|d|}} \tag{4.6}$$

这被称为语料库 d 的困惑度（perplexity）。这个数字值得反复思考，因为它实际上有着某种直观的含义：大体上来说，猜测下一词就相当于猜测投掷一个骰子的结果（骰子的面数和单词数一样多）。注意这对于给定第一个单词，猜测训练语料库中的第二个单词意味着什么。如果我们的语料库的词汇表大小为 10,000，所有参数从接近 0 开始，那么第一个样本中的 10,000 个 logit 都是 0，且所有概率都是 10^{-4}。读者可以自行验证这产生的困惑度正是词汇表的大小。之后困惑度随着训练降低。对于作者使用的特定语料库（词汇表大小约为 7,800 个单词），训练集约有 10^6 个单词，经过两轮训练后，在验证集上的困惑度约为 180 左右。对于一台四核 CPU 笔记本电脑来说，模型的每训练一轮需要花费 3 分钟。

4.3　改进前馈语言模型

很多方法都可以改进我们刚刚开发的语言模型。例如，在第 2 章中，添加一个隐藏层（在两层之间有激活函数）可以将 Mnist 性能从 92% 提高到 98%。在这里，我们也可以通过添加隐藏层将验证集的困惑度从 180 改善至 177 左右。

但是，要降低困惑度，最直接的方法是将二元语言模型改为三元模型。从式（4.2）得到式（4.4）时，我们假设一个单词的概率只取决于前一个单词，显然这是错误的。一般情况下，下一个单词的选择会受到之前任意距离单词的影响，特别是再前一个单词有非常大的影响。因此，基于前两个单词对下一个单词进行猜

测的模型（称为三元模型，因为概率是基于三个单词的序列），经过适当训练后，得出的困惑度比二元模型要好。

在二元模型中，我们为前一个单词索引定义了一个 placeholder，即 inpt，并且为要预测的单词设置了一个 placeholder（假设批大小为 1），即 answr。现在，我们引入第三个 placeholder，代表再前一个单词的索引 inpt2。在 TF 计算图中添加一个节点，用于找到 inpt2 的嵌入向量。

```
embed2 = tf.nn.embedding_lookup(E, inpt2)
```

再添加一个节点拼接两个单词的嵌入向量，

```
both= tf.concat([embed,embed2],1)
```

这里的第二个参数指定对张量的哪个轴（axis）进行拼接。实际上我们同时在处理批大小的嵌入向量，所以每次查找的结果都是一个批大小×嵌入向量大小（batch-size × embedding-size）的矩阵。而我们希望得到批大小×（嵌入向量大小×2）的矩阵，所以沿着轴 1，即行方向，进行拼接（记住，列是轴 0）。最后，我们需要将 W 的维度从嵌入向量大小×词汇表大小改为（嵌入向量大小×2）×词汇表大小。

换句话说，我们输入前两个单词的嵌入向量，神经网络使用这两个词来估计下一个词的概率。然后，反向传递更新了两个单词的嵌入向量，这将困惑度从 180 降低到约 140。向输入层再添加一个单词会将困惑度降至更低，约为 120。

4.4   过拟合

在 1.6 节中，我们讨论了独立同分布（iid）假设，这一假设保证了基于神经网络的训练方法能够得到良好的权重。但我们注意到，只要我们的训练数据使用超过一轮，前述的保证就难以为继。

但我们没有提供任何实证证据证明这一点，只能用一个有些牵强的例子进行解释。我们在第 1 章中使用的数据 Mnist 样本，就数据集而言，表现得非常好。毕竟，我们希望的是训练数据（能以正确的比例）涵盖了所有可能发生的事情，所以当我们查看测试数据时，不会有任何没有训练过的类型。Mnist 数据集识别 10 个数字并有 6 万个训练样本，很好地满足了我们的期待。

不幸的是，大多数数据集并不是那么完整，而一般的书面语言数据集（尤其是宾州树库语料）更是不够理想。即使我们将词汇表大小限制在 8,000 个单词以内，并且只使用三元模型，测试集中仍然会有大量的三元组没有出现在训练数据中。此外，反复查看相同的（相对较小的）样本集会导致模型高估它们的概率。图 4.3 中是根据树库语料训练的两层三元语言模型的困惑度。第 1 行给出了我们训练过的轮数，第 2 行是每一轮中每个训练样本的平均困惑度，第 3 行是验证集的平均困惑度。

轮	1	2	3	4	5	6	7	10	15	20	30
训练集	197	122	100	87	78	72	67	56	45	41	35
验证集	172	152	145	143	143	143	145	149	159	169	182

图 4.3 语言模型中的过拟合

首先观察第 2 行，可以看到它随着轮数的增长单调递减，这是正常的。第 3 行的验证集的平均困惑度则展现了一个更为复杂的变化。开始时它也呈下降趋势，从第一轮的 172 下降到第四轮的 143，但在第五轮、第六轮时保持稳定，接着从第七轮开始上升。到了第 20 轮，它达到了 169，在第 30 轮时达到了 182。第 30 轮的训练集困惑度和验证集困惑度之间的差异（35 vs 182）是典型的在训练数据上的过拟合。

正则化（regularization）是修正过拟合的通用术语。最简单的正则化方法是早停（early stopping）：我们在验证集困惑度达到最低的时候停止训练。虽然该方法很简单，但早停并不是纠正过拟合问题的最佳方法。图 4.4 展示了两个更好的解决方案：dropout 和 L2 正则。

轮	1	2	3	4	5	6	7	10	15	20	30
dropout	213	182	166	155	150	144	139	131	122	118	114
L2 正则	180	163	155	148	144	140	137	130	123	118	112

图 4.4 使用不同正则化方法时，语言模型的困惑度

使用 dropout 时，我们修改网络以随机丢弃部分计算。例如，图 4.4 中的 dropout 数据是随机丢弃第一层线性单元的 50% 输出后产生的。所以下一层会在其输入向量中的随机位置看到零值。你可以理解 dropout 生效的原因是，由于每一轮都有不同的单元被丢弃，所以训练数据在每一轮都不再相同。也可以认为，由于分类器不能依赖于数据特征的偶然特定排列方式来做决策，因此它应该可以更好地进

行泛化。从图 4.4 可以看出，dropout 确实有助于防止过拟合。首先，图 4.4 的第 2 行显示验证集的困惑度没有像图 4.3 一样发生逆转。即使在第 30 轮，困惑度也在减少，尽管速度很慢（每一轮大约 0.1 个单位）。此外，使用 dropout 的绝对低值比通过早停可以达到的值更好——困惑度 114 vs 143。

图 4.4 中展示的第二种方法是 L2 正则（L2 regularization）。L2 始于以下发现，即许多机器学习中的过拟合总是伴随着需要学习的参数变得很大（如果权重是负值，则是变得非常小）而出现。如前所述，反复查看相同数据会导致神经网络高估它看到的样本的概率，低估数据中可能出现但没有出现在训练集中的所有样本的概率。这种高估是由权重具有较大绝对值，或几乎等同地，有较大平方值所导致的。在 L2 正则中，我们向损失函数添加一个与权重平方和成正比的量。也就是说，如果之前我们在使用交叉熵损失，那么新损失函数将是

$$\mathcal{L}(\boldsymbol{\Phi}) = -\log(\Pr(c)) + \alpha \frac{1}{2} \sum_{\varphi \in \boldsymbol{\Phi}} \varphi^2 \qquad (4.7)$$

这里 α 是一个实数，它控制着我们如何对这两项进行加权，它通常很小。在上述实验中，我们将其设置为典型值 0.01。当我们将损失函数对 φ 求导时，第二项将 $\alpha\varphi$ 加到 $\dfrac{\partial \mathcal{L}}{\partial \varphi}$ 的总和上。这鼓励正负 φ 都移动到接近零的位置。

在这个数据上，这两种形式的正则化都同样有效，不过一般来说 dropout 是首选方法。这两种方法都很容易添加到 TF 网络中。比如说，为了丢弃来自第一层线性单元的 50%的值（例如 w1Out），我们将以下代码添加到程序中。

```
keepP= tf.placeholder(tf.float32)
w1Out=tf.nn.dropout(w1Out,keepP)
```

请注意，我们将保留概率（keepP）作为 placeholder。通常我们这样做是因为我们只有在训练时才会进行 dropout。当进行测试时，保留概率是不必要且有害的。通过将该值作为 placeholder，我们可以在训练时输入值 0.5，在测试时输入值 1.0。

使用 L2 正则也很简单。如果我们想防止一些线性单元的权重值，例如 W1，变得过大，我们只需将

```
.01 * tf.nn.l2_loss(W1)
```

添加到训练时使用的损失函数里。其中 0.01 是一个超参数，用来衡量与原始交

叉熵损失相比，我们赋给正则化的权重。如果你的代码通过 e 的每词损失次方来计算困惑度，请确保将训练中使用的组合损失与计算困惑度时使用的损失分开。对于后者，我们只需要交叉熵损失。

4.5 循环网络

在某种意义上，循环神经网络（Recurrent Neural Network，简称 RNN）是前馈神经网络的对立面。RNN 中的输出也是输入的一部分。在图术语中，它是一个有向循环图，而前馈神经网络是有向非循环图，图 4.5 所示是 RNN 最简单的版本。标签为 W_r, b_r 的框是由一层线性单元组成的，该线性单元权重为 W_r，偏置为 b_r，外加一个激活函数。输入从该框左下角进入，输出 o 从右边输出，并分离成两个副本。输出的一份副本循环进入本身的框架，正是这个循环使得其成为 RNN 而非前馈神经网络。另一份副本进入第二层线性单元，线性单元参数为 W_o 和 b_o，该层负责计算 RNN 的输出和损失。代数上我们可以表示如下：

$$s_0 = 0 \tag{4.8}$$

$$s_{t+1} = \rho((e_{t+1} \cdot s_t)W_r + b_r) \tag{4.9}$$

$$o = s_{t+1}W_o + b_o \tag{4.10}$$

我们从将状态 s_0 初始化为任意值（通常是一个零向量）开始循环关系。状态（state）向量的维度是一个超参数。通过将下一个输入 (e_{t+1}) 与前一个状态 s_t 拼接（concatenate）起来，并且将结果通过线性单元 $W_r b_r$，我们得到下一个状态。然后，我们将输出送入 relu 函数 ρ（可以选择其他激活函数）。最后通过将当前状态送入第二层线性单元 $W_o b_o$，得到 RNN 单元的输出 o。训练时的损失函数也有其他选择，最常见的是在 o 上计算交叉熵。

如果我们希望前面距离任意远的网络输入对之后的输出产生影响，可以使用循环网络。由于语言正具有这样的特性，因此 RNN 通常用于与语言相关的任务，特别是语言建模。因此，在这里我们假设输入是当前单词 w_i 的嵌入向量，预测单词 w_{i+1}，损失是标准交叉熵损失。

计算 RNN 的前向传递与计算前馈神经网络的前向传递非常相似，不同之处在于 RNN 中我们记录上一步中的 o，并在前向传递开始时将 o 与当前单词嵌入向量进行拼接。然而，后向传递的过程没有这么直观。之前，在解释 TF 是如何更

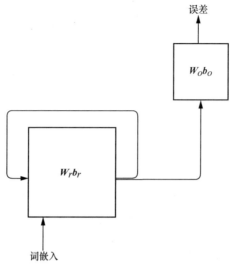

图 4.5   循环神经网络图示

新词嵌入参数的时候,我们说过 TF 从损失函数开始反向工作——回溯,持续寻找对误差有影响的参数,然后求解误差对这些参数的导数。在第 1 章的 Mnist 神经网络中,后向传递经过带有 W 和 b 的层,但是回溯到图像像素时就停止。卷积神经网络也是如此,尽管参数进入误差函数计算的方式更加复杂。但是现在,我们在后向传递中的回溯距离不再受限。

假设我们读取了第 500 个单词,并且由于预测得到的 w_{501} 的概率不是 1,所以想要改变模型参数。往回追溯,我们发现部分错误是由于图 4.5 右上角的网络权重 W_o 造成的。当然,该层的输入之一是来自循环单元 o_{500} 处理单词 w_{500} 的输出。这个值从何而来?可以说是通过 $W_r\,b_r$,但也有一部分源自 o_{499}。简而言之,由于从第一个单词开始的错误累积造成了最后的错误,所以为了"正确"地做到这一点,我们需要将误差传回循环层的 500 次循环,一遍遍调整权重 W_r 和 b_r。但这是不切实际的。

我们用比较粗暴的方式解决了这个问题——在后向迭代一定次数之后停止计算。迭代的次数称为窗长(window size),它是一个系统超参数。该方法称为基于时间的反向传播(back propagation through time),如图 4.6 所示,图中我们假设窗长为 3(更为实际的窗长应为,比如,20)。更具体地说,图 4.6 设想我们正在处理一个语料库,该语料库以短语 "It is a small world but I like it that way" 和句子填充开始。基于时间的反向传播将图 4.6 看作一个前馈网络,其输入并不是单个单词，而是取一个窗长的单词（例如三个单词），然后基于这三个单词的序列计算误差。对于我们缩短的"语料库"，训练的第一次调用将以"STOP It is"作为输入单词，"It is a"作为要预测的三个单词。

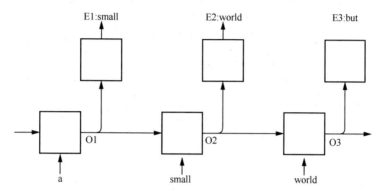

图 4.6　窗长为 3 时，基于时间的反向传播

根据图 4.6，我们在第二次调用时，输入的单词是"a small world"，要预测"small world but"。在第二次前向传递开始时，第一次调用的输出从左边（O0）传入，它与"a"的嵌入向量拼接在一起，并通过 RNN 使它成为 O1，从而将其在 E1 处送入损失。

但是除了进入 E1 外，O1 还和第二个单词"small"进行拼接。我们也同样计算误差。这里我们计算 W 和 b（包括嵌入向量）对预测"small"的误差的影响。但是 W 和 b 会以两种不同的方式引起误差，最直接的原因是它们导致 E2 的误差，还有它们对 O1 的影响。当然，当我们下一次计算 E3 时，W 和 b 通过三种方式影响误差：直接通过 O3 影响；通过 O1 影响；通过 O2 影响。因此，这些变量中的参数被修改了六次（另一种等效方式是，程序累计参数需要修改的大小，最后修改参数一次）。

图 4.6 忽略了批大小的问题。TF RNN 函数允许同时进行批训练（和测试），因此，每次对 RNN 的调用都接收一个批大小乘窗长的输入矩阵来预测类似大小的预测单词矩阵。如前所述，这样做的意义是我们可以并行处理批大小的组，因此第一次训练调用中预测的最后几个单词是第二次训练调用中的首批输入单词。

为了解决这个问题，我们需要注意如何创建批次。图 4.7 演示了模拟语料库"STOP It is a small world but I like it that way STOP"的情况。我们假设批大小为 2，窗长 3。首先将语料库分成两部分，然后将语料库的每个部分（在本例中是一

半）分成若干块，将这若干块语料库填充至每个批次。图 4.7 中的顶部窗口显示
了分成两部分的语料库。下面的一对窗口显示了由这两部分创建的两个输入批，
每批都有三个单词片段。我们还需要将预测词批量输入网络，这与上面的图 4.6
完全一样，但是在语料库中，每个单词都应该前进一个，所以图 4.7 的最上面一
行对应的预测窗口应该是 "It is a small world but"。

STOP	It	is	a	small	world
but	I	like	it	that	way

STOP	It	is
but	I	like

a	small	world
it	that	way

图 4.7   当批大小为 2，窗长为 3 时，分配单词

由于"语料库"有 13 个单词，所以每一半由 6 个单词组成。至于为什么是
6 个而不是 7 个，需要注意第二批的预测。假如是 7 个，仔细观察每半个语料库
的 7 个单词，你会发现对于最后输入的单词没有预测单词。因此，语料库最初分
为 S 个部分，在各部分中，对于大小为 x 的语料库和一个批大小 b，$S = \lfloor (x-1) / b \rfloor$
（其中"$\lfloor x \rfloor$"为向下取整函数——小于 x 的最大整数）。这里的"-1"是为了给最
后一个输入词留出对应预测词。

到目前为止，还没有说过我们在句末做什么。最简单的做法就是继续对下一
个单词进行操作。这意味着输入给 RNN 的给定窗长的片段可以包含分别来自两
个不同句子的小段内容。因为我们已经在句子片段之间放置了填充词"STOP"，
所以 RNN 原则上应该根据将要出现的单词种类——例如大写的单词——来学习
填充词意味着什么。此外，上句的最后几个单词可以帮助预测随后出现的单词。
如果我们只关注语言建模，那么在训练或使用 RNN 时，用"STOP"分隔句子就
够了。

让我们再次查看图 4.5 和图 4.6 来回顾 RNN，并思考如何编写 RNN 语言模
型。正如我们刚刚提到的，需要将单词语料库输入模型的代码稍微修改一下。以
前输入（和预测单词）是批大小的一个向量，现在输入是批大小乘窗长大小的矩
阵。我们还需要将每个单词转换为它的词嵌入，这与前馈模型是一样的。

接下来，将单词输入 RNN。创建 RNN 的关键 TF 代码如下。

```
rnn= tf.contrib.rnn.BasicRNNCell(rnnSz)
initialState = rnn.zero_state(batchSz, tf.float32)
outputs, nextState = tf.nn.dynamic_rnn(rnn, embeddings,
              initial_state=initialState)
```

其中第 1 行将 RNN 添加到计算图中。请注意，RNN 权重矩阵的宽度是一个自由参数 rnnSz（你可能记得，我们在第 2 章末尾给 Mnist 模型上添加了一层额外的线性单元，那时也有类似的情况）。最后一行是对 RNN 的调用，它接受三个参数，并返回两个参数。输入包括 RNN 本身，RNN 将要处理的单词（批大小乘窗长大小的矩阵），以及 RNN 从上一次运行中获得的 initialState。由于第一次调用 dynamic_rnn 时，没有以前的状态，所以我们在第 2 行调用函数 rnn.zero_state 创建了一个虚拟状态。

tf.nn.dynamic_rnn 有两个输出。第一个，我们称之为 outputs，是用来计算误差的信息。在图 4.6 中，outputs 是输出 O1、O2、O3。因此 outputs 具有形状[批大小，窗长，rnn-size]。第一个维度打包了批大小的样本。其中每个样本本身都由 O1、O2 和 O3 组成，所以第二个维度是窗长。最后的维度是指，例如，O1 是浮点数向量，大小为 rnn-size，表示单个单词的 RNN 输出。

tf.nn.dynamic_rnn 的第二个输出我们称之为 nextState，该输出是 RNN 这一次传递的最后一个输出（O3）。下一次调用 tf.nn.dynamic_rnn 时，我们有 initialState = nextState。注意，nextState 实际上是 outputs 中出现的信息，因为它是样本批次的 O3 的合集。例如，图 4.8 显示了批大小为 3、窗长为 2 和 rnn-size 为 5 的 next_state 和 outputs。窗长为 2 时，outputs 中每隔一行都是 next_state 行。这种把 next_state 打包输出的方式很方便，但是 next_state 行重复的真正原因我们会在下一节说明。

```
  [[-0.077  0.022 -0.058 -0.229  0.145]
   [-0.167  0.062  0.192 -0.310 -0.156]
   [-0.069 -0.050  0.203  0.000 -0.092]]


 [[[-0.073 -0.121 -0.094 -0.213 -0.031]
   [-0.077  0.022 -0.058 -0.229  0.145]]
  [[ 0.179  0.099 -0.042 -0.012  0.175]
   [-0.167  0.062  0.192 -0.310 -0.156]]
  [[ 0.103  0.050  0.160 -0.141 -0.027]
   [-0.069 -0.050  0.203  0.000 -0.092]]]
```

图 4.8　RNN 的 next_state 和 outputs

语言模型的最后一部分是损失，它通过图 4.5 的右上角部分计算得到。正如我们所看到的，RNN 的输出首先通过一层线性单元得到 logits，再通过 softmax，然后我们根据概率计算交叉熵损失。如前所述，RNN 的输出是形状为[批大小，窗长，rnn-size]的 3D 张量。到目前为止，通过线性单元，我们只传递过二维张量和矩阵，矩阵乘法如 tf.matmul(inpt,W) 可以完成这些运算。

处理这个问题最简单的方法是改变 RNN 输出张量的形状，使其成为一个具有正确属性的矩阵。

```
output2 = tf.reshape(output,[batchSz*windowSz, rnnSz])
logits = matmul(output2,W)
```

这里 W 是线性层（W_o），它获取 RNN 的输出，并将其转化为图 4.5 中的 logit。然后，我们将其代入 tf.nn.sparse_softmax_cross_entropy_with_logits，该函数返回一个损失值列向量，然后损失值用 tf.reduce_mean 缩减为一个值。这个最终值可以作为指数求幂，得出困惑度。

出于教学（它允许我们重用 tf.matmul）和计算（改变形状使得元素转换成为 sparse_softmax 所需的形状）上的考量，改变 RNN 输出的形状在本例中是较优的方法。在其他情况下，下游计算可能需要原始形状，为此，我们可以使用其他处理多维张量的 TF 函数。这里我们将使用 2.4.2 节中介绍的函数，它的调用如下：

```
tf.tensordot(outputs, W, [[2], [0]])
```

该代码在 outputs 的第二个分量（从零开始计数）和 W 的第零个分量之间执行重复的点积（实际上是矩阵乘法）。

关于 RNN 的使用还有一点需要注意。在与上述 RNN 的 TF 代码一起使用的 Python 代码中，我们可以看到如下内容。

```
inputSt = sess.run(initialSt)
for i in range(numExamps)
    "read in words and embed them"
    logts, nxts=sess.run([logits,nextState],
                         {{input=wrds, nextState=inputSt}})
    inputSt=nxts
```

上述代码简单示意了（a）如何初始化 RNN 的输入状态，（b）如何使用输入字典（feed_dict）的赋值 nextState=inputSt 将输入状态传递至 TF，以及（c）如何在上述代码的最后一行更新 inputSt。到目前为止，我们只使用了

feed_dict 将值传递给 TF placeholder。这里初始的 nextState 不是指向 placeholder，而是由一段代码生成的零状态，我们使用这个零状态启动 RNN。这是可以的。

4.6 长短期记忆模型

长短期记忆神经网络（Long Short-Term Memory NN，简称 LSTM）是一种特殊的 RNN，它的性能几乎总是优于上一节中介绍的简单 RNN。

标准 RNN 的问题在于，虽然其目标是要记住很久以前的输入，但实际上它们短时间内就会忘记。如图 4.9 所示，虚线框中的所有内容都对应单个 RNN 单元。显然，LSTM 的结构更加复杂。首先，我们已经在基于时间的反向传播图中介绍了 LSTM 中的副本，所以从左边进入的是前一个单词处理得到的信息（是两个信息张量而不是一个），下一个词从底部进入。从右边输出两个张量以输入下个时间单元，就如普通 RNN 一样，在这个图表中这一信息"向上"延伸以预测下一个单词和损失（右上角）。

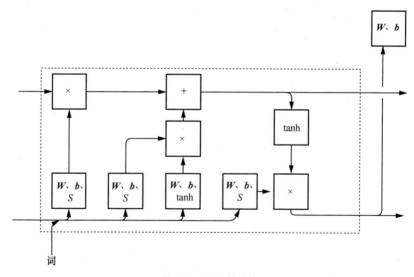

图 4.9 LSTM 的结构

LSTM 的目标是通过训练 RNN 记住重要内容，忘记其他琐碎细节，来提高 RNN 对过去事件的记忆。为此，LSTM 传递了过去的两个版本。"官方"的选择性记忆版本位于图中的顶部，而更局部的记忆版本位于底部。顶部的记忆时间轴称为"单元状态"（cell state），缩写为 c。底部一行称为 h。

图 4.9 引入了几个新的连接和激活函数。首先，我们看到在传递记忆到下一个时间单元之前，记忆轴在两个位置上被修改。它们被标记为乘法（×）和加法（+），记忆在乘法单元时被移除，在加法单元时被添加。

为什么这么说呢？可以看看左下角的当前词嵌入。它通过一个线性单元层，紧接着一个 sigmoid 激活函数，如图中的 W、b、S 注释所示：W 和 b 构成线性单元，S 是 sigmoid 函数。我们在图 2.7 中展示过 sigmoid 函数，在接下来的讨论中还涉及 sigmoid 函数的一些特性，你可以回顾一下该函数的内容。使用数学符号，运算表示如下：

$$h' = h_t \bullet e \tag{4.11}$$

$$f = S(h'W_f + b_f) \tag{4.12}$$

我们用一个中心点 $\bullet$ 来表示向量的拼接。在左下角，我们将先前 h 行的 h_t 和当前词嵌入 e 拼接起来，得到 h'，然后将其输入"遗忘"线性单元（后面跟着一个 sigmoid 函数）以产生遗忘信号 f，它在图的左侧向上移动。

接下来 sigmoid 函数的输出与左上角输入的记忆 c 行进行逐个元素（element-wise）相乘（所谓"逐个元素"是指，例如，一个矩阵的第 $x[i,j]$ 个元素与另一个矩阵的第 $y[i,j]$ 个元素相乘或相加）。

$$c_t' = c_t \odot f \tag{4.13}$$

这里"$\odot$"表示逐个元素相乘。假定 sigmoid 以 0 和 1 为界，乘法的结果会使主记忆上每个点的绝对值减少。这对应的是"遗忘"。总的来说，当我们希望使用"软"门控时，sigmoid 加乘法层是很常用的模式。

将该模式与记忆接下来遇到的加法单元进行比较。同样，下一个词嵌入是从左下角进入的，这一次它分别经过两个线性层，一个后接 sigmoid 激活函数层，另一个后接 tanh 激活函数层，如图 4.10 所示。tanh 代表双曲正切函数。

$$a_1 = S(h'W_{a_1} + b_{a_1}) \tag{4.14}$$

$$a_2 = \tanh((h_t \bullet e)W_{a_2} + b_{a_2}) \tag{4.15}$$

与 sigmoid 函数不同，tanh 函数可以输出正值和负值，因此它可以表达新的变换，而不仅仅是大小的缩减。这步的结果与单元状态进行加和，图 4.9 中

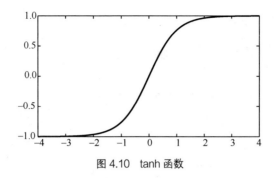

图 4.10 tanh 函数

标记为 "+" 单元。

$$c_{t+1} = c_t' \oplus (a_1 \odot a_2) \tag{4.16}$$

此后，单元记忆行分离开来。一份副本从右边输出，一份副本经过 tanh 函数，然后与局部的历史/嵌入的线性变换相结合，成为底部的新 h 行。

$$h'' = S(h'W_h + b_h) \tag{4.17}$$

$$h_{t+1} = h'' \odot \tanh(c_{t+1}) \tag{4.18}$$

它会与下一个词嵌入拼接起来，并且以上过程重复进行。这里要强调的一点是，单元记忆行从来不直接通过线性单元。信息在 "×" 单元被淡化（例如，被遗忘），在 "+" 处被添加，仅此而已。这就是 LSTM 机制的逻辑。

至于这个程序，只需要对 TF 版本做一个小小的修改，将

```
tf.contrib.rnn.BasicRNNCell(rnnSz)
```

改为

```
tf.contrib.rnn.LSTMCell(rnnSz)
```

请注意，此更改会影响从一个时间单元传递到下一个时间单元的状态。之前，如图 4.8 所示，状态的形状为 [batchSz, rnnSz]。现在它的形状是 [2, batchSz, rnnSz]，其中一个 [batchSz, rnnSz] 的张量对应 c 行，另一个张量对应 h 行。

从性能上来说，LSTM 要好得多，但训练需要耗费更长的时间。以我们在上一节中开发的 RNN 模型为例，如果给它足够的资源（词嵌入向量大小为 128，隐藏单元大小为 512），我们得到约 120 的困惑度。如果将函数调用从 RNN 更改为 LSTM，困惑度则会降到 101。

4.7 参考文献和补充阅读

Bengio 等人的论文介绍了我们现在公认的标准前馈语言模型[BDVJ03]。它也创造了"词嵌入"这个术语。连续空间中词表征的概念,特别是数字向量的概念,更早时候已经出现了。然而,Bengio 的论文表明,词嵌入是神经网络语言模型的副产品。

可以说,Mikolov 等人的工作使得词嵌入成为基于神经网络的自然语言处理方法的一个通用组件。他们开发了一组名为 word2vec 的模型,发表于论文[MSC+13]。在 word2vec 模型中,最流行的是 skip-gram 模型。在我们的演示中,通过给定前面的单词预测下一个单词来对词嵌入进行优化。而 skip-gram 模型则要求每个单词预测它的所有相邻几个单词。word2vec 模型的一个突出贡献是使用词嵌入来解决词语类比问题——例如,男性对国王,女性对什么?从模型创建的词嵌入中可以得到这些问题的答案。取单词"国王"的词嵌入,再减去"男性"的词嵌入,加上"女性",然后寻找与结果距离最近的词嵌入。Sebastian Ruder 写了一篇关于词嵌入及其问题的博客[Rud16],值得一读。

自 20 世纪 80 年代中期以来,RNN 就一直存在,但直到 Sepp Hochreiter 和 Jürgen Schmidhuber 创建了 LSTM,它们才有了良好的性能[HS97]。Chris Colah 的博客很好地解释了 LSTM [Col15],图 4.9 是他博客中一张图表的翻版。

4.8 习题

练习 4.1 假设我们的语料库以"*STOP* I like my cat and my cat likes me. *STOP*"为开头。并假设当我们读取语料库时,我们给每个单词分配了唯一的整数(从 0 开始)。如果批大小为 5,写出我们应该读入的值,来填充训练的第一个批次的 placeholder,即 `inpt` 和 `answr`。

练习 4.2 如果你希望有机会学习一个好的基于词嵌入的语言模型,你可能不会将所有 E 设置为 0。解释原因,并确保你的解释也适用于将所有 E 设置为 1 的情况。

练习 4.3 使用 L2 正则时,计算实际总损失是个坏主意,解释原因。

练习 4.4 在一个全连接的三元语言模型中，我们将前两个输入的嵌入向量拼接起来，形成模型输入。我们拼接的顺序对模型的学习能力有影响吗？解释原因。

练习 4.5 一个神经网络一元模型的困惑度优于从均匀分布中挑选单词的困惑度吗？解释是或不是的原因。并解释二元模型的哪些部分是在获得一个最优一元模型时所需要的。

练习 4.6 线性门控单元（Linear Gated Unit，简称 LGU）是 LSTM 的一种变体。回到图 4.9，我们看到后者有一个隐藏层，控制从主记忆行删除哪些内容，还有一个隐藏层控制添加哪些内容。在这两种情况下，隐藏层都以图中较低的控制行作为输入，并生成一个取值在 0 到 1 之间的向量，这个向量与记忆行相乘（遗忘）或相加（记住）。LGU 的不同之处在于它将这两层替换为一个单层，输入不变。隐藏层的输出与之前一样，需要与控制行相乘。输出也会缩减到 0 和 1 之间，再乘以控制层，然后与记忆行相加。一般来说，LGU 的性能等同 LSTM，而且线性层更少，训练速度稍微快一些。解释原因。并修改图 4.9，使其表示 LGU 的工作方式。

第 5 章
序列到序列学习

序列到序列学习（sequence-to-sequence learning，通常缩写为 seq2seq）是一种深度学习技术，在无法（或者至少我们无法看到如何）仅基于单个符号进行映射时，它可以将一个符号序列映射到另一个符号序列。seq2seq 的典型应用是机器翻译（machine translation，缩写为 MT）——使用计算机将某一语种的自然语言翻译为另一种，如法语和英语的互译。

大约从 1990 年开始，人们已经认识到在程序中实现这种映射是相当困难的事，更间接的方法反而更有效。我们给计算机一个对齐的语料——许多双语句对的样本——并要求计算机自己找出映射，这就是深度学习的用武之地。不幸的是，我们目前为止所学到的用于自然语言任务的深度学习技术，例如 LSTM，本身对于机器翻译不够有效。

重点是，我们在上一章中讨论的语言建模任务是在逐词的基础上进行的。也就是说，我们输入一个词，然后预测下一个词，而 MT 不是这样工作的。以加拿大议会议事录（Canadian Hansards）的语料为例，该语料记录了加拿大议会中所说的一切内容，且根据法律规定，它必须用加拿大的两种官方语言，即法语和英语出版。第一节的第一对句子是

edited hansards number 1

hansards révisé numéro 1

以英语为母语的人学习法语时，会学到最初的一课（可能反过来也是如此），即英语中形容词通常放在它们修饰的名词之前，而在法语中则是放在名词之后。所以这里的形容词 "edited" 和 "révisé" 在句子对中的位置不同，关键是我们不能按照从左到右的顺序将源语言（被翻译的语言）逐词地翻译成目标语言。在这种情况下，我们可以每次输入两个单词，输出两个单词，但序列不匹配的问题可能更严重。上述句对之后的几行如下文所示。请注意，这个文本进行了标记（tokenized）——法语的两个标点符号与其连接的单词分隔开了。

> this being the day on which parliament was convoked by proclamation
>
> of his excellency ...
>
> parlement ayant été convoqué pour aujourd ' hui , par proclamation
>
> de son excellency ...

上述法语逐词翻译后得到的英语文本应该是"parliament having been convoked for today, by proclamation of his excellency",而机器处理中法语中的"aujourd ' hui"翻译成了"this being the day"。（实际上，通常翻译句对的长度都不一样。）因此，我们需要序列到序列的学习，其中序列通常是完整的句子。

5.1 seq2seq 模型

图 5.1 所示是一个非常简单的 seq2seq 模型图解。它展示了随着时间的推移（时间轴是从左到右的顺序）将"hansards révisé numéro 1"翻译成"edited hansards number 1"的过程。该模型由两个 RNN 组成，与 LSTM 不同，我们假设 RNN 模型只有单个记忆行。我们可以使用 `BasicRNNCell`，但是更好的选择是门控循环单元（Gated Recurrent Unit，简称 GRU），它在时间单元（time unit）之间只使用单个记忆行。

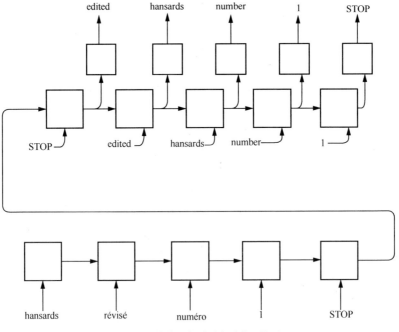

图 5.1 简单的序列到序列学习模型

模型分两个传递过程运行，每一个过程都有自己的 GRU。第一个称为编码过程，如图 5.1 的下半部分所示。当下半部分的 GRU 处理完最后一个法语标记（这个标记一般是 STOP）时，编码过程结束。然后将下半部 GRU 状态传递到第二个过程，这个过程的目标是生成一个向量来"总结"句子。有些情况下，该向量被称为句子嵌入（sentence embedding），类似于词嵌入。

seq2seq 学习的第二个过程称为解码过程。这是一个解码为目标语言（这里是英语）句子的过程。（我们在这里讨论的是训练中发生的事情，所以我们知道这个英语句子的内容。）这次的目标是在输入每个单词后预测下一个英语单词。损失函数依旧是交叉熵损失。

编码（encode）和解码（decode）这两个术语来自通信理论。消息必须进行编码，以形成待发送信号，然后将接收到的信号解码还原为消息。如果通信中有噪声，接收的信号与发送的信号就不一定相同。假设原始信息是英语，噪声将它转换成了法语，那么把法语再翻译回英语的过程就是"解码"。

解码过程输入的第一个词是填充词 STOP，这也是输出的最后一个单词。如果我们将这个模型用于实际的法语到英语的机器翻译，那么这个系统就没有参照的英语句子，但是可以假设我们从 STOP 开始处理。为了生成每个后续单词，我们将前一个预测的单词输入 LSTM，当 LSTM 预测下一个"单词"为 STOP 时，模型停止处理。当然，我们在测试时也应该这样做。测试时，我们是知道英语句子的，但我们仅将其用于评估。这意味着在实际翻译中，我们预测下一个翻译单词的部分依据是前一个已翻译单词，而前一个翻译单词很可能是错的。如果它错了，那么下一个单词出错的可能性会大大增加。

在本章中，我们是在给定正确的前一个单词的情况下，评估程序预测正确的下一个英语单词的能力，这忽略了实际 MT 的复杂性。不过，在实际的 MT 中，对于一个特定的法语句子，没有唯一正确的英语翻译，因此，如果程序仅是不能预测双语翻译语料库中使用的确切单词，并不能说它是错误的。客观的 MT 评估是一个重要的课题，但在这里我们忽略不提。

在我们编写神经网络 MT 程序之前，还有最后一个简化程序的操作。图 5.1 是一个基于时间的反向传播（back-propagation-though-time）图，所以底部一行中的所有 RNN 单元实际上都是在连续时间点上的相同循环单元。顶行中的单元也是如此。你可能还记得，基于时间的反向传播模型有一个窗长超参数。在 MT 中，我们想要一次性处理一个完整句子，但是输入的句子长短不一。（在宾州树库中，句子长短从一个单词到超过 150 个单词不等。）我们为简化程序，只处理法语和英语都少于 12 个单词的句子，或者说加上一个 STOP 最长长度为 13。然后，我们通过添加额外的填充词 STOP，使所有句子的长度都是 13。因此，程序可以假设所有的句子都有 13 个单词，长度相同。考虑我们刚开始讨论 MT 时使用的法语和英语对齐的简短句子："edited hansards number 1" 和 "hansards révisé numéro 1"。我们输入的法语句子如下所示：

hansards révisé numéro 1 STOP STOP STOP STOP STOP STOP
STOP STOP STOP

而英语句子为

STOP edited hansards number 1 STOP STOP STOP STOP
STOP STOP STOP STOP

5.2　编写一个 seq2seq MT 程序

首先，我们先回顾一下第 4 章中介绍的 RNN 模型，并对其稍作修改。到目前为止，我们没有过多讨论良好的软件工程实践案例。然而，在这里我们需要考虑这一点了。由于我们正在创建两个几乎相同的 RNN 模型，所以引入了 TF 概念 `variable_scope`。图 5.2 显示了构建简单 seq2seq 模型中两个 RNN 的 TF 代码。

```
1 with tf.variable_scope("enc"):
2 F = tf.Variable(tf.random_normal((vfSz,embedSz),stddev=.1))
3 embs = tf.nn.embedding_lookup(F, encIn)
4 embs = tf.nn.dropout(embs, keepPrb)
5 cell = tf.contrib.rnn.GRUCell(rnnSz)
6 initState = cell.zero_state(bSz, tf.float32)
7 encOut, encState = tf.nn.dynamic_rnn(cell, embs,
8                                       initial_state=initState)
9
10 with tf.variable_scope("dec"):
11 E = tf.Variable(tf.random_normal((veSz,embedSz),stddev=.1))
12 embs = tf.nn.embedding_lookup(E, decIn)
13 embs = tf.nn.dropout(embs, keepPrb)
14 cell = tf.contrib.rnn.GRUCell(rnnSz)
15 decOut,_ = tf.nn.dynamic_rnn(cell, embs, initial_state=encState)
```

图 5.2　seq2seq 模型中两个 RNN 的 TF 代码

我们把代码分成两部分：第一部分创建编码 RNN，第二部分创建解码 RNN。

每个部分都包含在 TF 的 variable_scope 函数中。这个函数接收一个参数，该参数是作为域名（name for the scope）的一个字符串。variable_scope 的目的是将一组命令（变量）打包在一起以避免变量名冲突。例如，上半部分（编码）和下半部分（解码）都使用变量名 cell，如果没有两个单独的作用域，它们会相互干扰，造成非常糟糕的后果。

即使我们很谨慎，给每个变量都取了唯一的名字，代码仍然无法正常工作。TF 底层代码细节的原因会导致以下情况出现：当 dynamic_rnn 创建要插入 TF 图的部分时，它总是使用相同的名称代表自己。除非我们将这两个调用放在不同的作用域中（或者代码被设置为不受这两个调用，实际上是同一个的影响），否则我们会收到一条错误消息。

现在来看每个变量作用域的代码。在编码部分，我们首先为法语词嵌入 F 创建空间。我们假设一个名为 encIn 的 placeholder，它接收一个法语单词索引的张量，该张量的形状为批大小乘窗长。然后，查找函数（lookup function）返回一个形状为批大小乘窗长乘嵌入大小的三维张量（第 3 行），对该张量我们应用 dropout，以 keepPrb 概率保留其中的值（第 4 行）。接下来，我们创建 RNN 单元（cell），这次使用的是 LSTM 的变体 GRU。第 7 行使用该单元产生输出和下一状态。

第二个 GRU 与第一个 GRU 并行，只是在调用 dynamic_rnn 的时候将编码器 RNN 的状态输出作为输入，而不是取零值初始状态作为输入。这就是第 15 行中的 initial_state=encState。参照图 5.1，解码器 RNN 的逐词输出馈入一个线性层。图中没有显示，但是读者可以想象该层的输出（logit）馈入了一个损失计算，代码如图 5.3 所示。这里唯一的新操作是对 seq2seq.sequence_loss 的调用。seq2seq.sequence_loss 是交叉熵损失的一个专门版本，针对 logit 是三维张量的情况。它接收三个参数，前两个是标准参数——logits 和正确答案的二维张量（形状为批大小乘窗长）。第三个参数是权重，如果某些错误在总损失中所占的比重应该大于其他错误，可以根据第三个参数进行加权求和。在本例中，我们希望每个错误的权重都相等，所以第三个参数的所有权重都等于 1。

```
W = tf.Variable(tf.random_normal([rnnSz,veSz],stddev=.1))
b = tf.Variable(tf.random_normal([veSz,stddev=.1))
logits = tf.tensordot(decOut,W,axes=[[2],[0]])+b
loss = tf.contrib.seq2seq.sequence_loss(logits, ans,
                                        tf.ones([bSz, wSz]))
```

图 5.3 seq2seq 解码器的 TF 代码

　　如前所述，图 5.1 中展示的最简单的 seq2seq 模型的总体概念是，编码过程创建了法语句子的摘要，具体是通过使用 GRU 处理法语，并将其最终状态输出作为摘要。然而，有很多不同的方法可以创建这样的句子摘要，并且有一个重要的研究方向正致力于研究这些替代方法。图 5.4 显示了第二种模型，针对 MT 的表现更好一些。它和 seq2seq 的模型在操作上的差异很小：在第二种模型中，我们取编码器的所有状态之和作为解码器初始状态，而不是使用编码器的最终状态。由于我们将所有的法语和英语句子填充为 13 个单词，这意味着我们取 13 个状态并将其加和。这一操作是希望状态之和能提供更多的信息，事实也是如此。

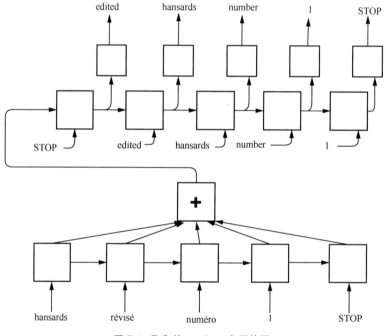

图 5.4　取和的 seq2seq 句子摘要

　　实际上，我们选择对状态向量取平均，而不是加和。如果你回到第 1 章查看前向传递的计算，你会发现取平均值还是取和对最终概率没有影响，因为 softmax 会抹去所有乘法差异，而取平均值就相当于总和除以窗长（13）。此外，参数梯度的方向也不会改变。唯一变化的是参数值的变化幅度。在当前情况下，取总和大致等于将学习率乘以 13。一般来说，在这种情况下，最好将参数值保持在零附近，并直接修改学习率。

5.3 seq2seq 中的注意力机制

seq2seq 模型中的注意力概念源于这样一种观点，即，虽然一般来说我们需要理解整个句子才能翻译，但在实践中，如果要翻译给定片段的目标语言，那么源句的某些部分可能比其他部分更重要。尤其是，通常情况下，前几个法语单词会影响到前几个英语单词，法语句子的中间部分译成英语句子的中间部分，等等。上述观点并不局限于英语和法语这两种非常相似的语言，即使没有明显共性的语言也具有这个特性，原因是新旧区别（given new distinction）。似乎在所有的语言当中，当我们谈论关于已谈及事物的新鲜方面时（这通常发生在连贯的对话或者写作中），首先会提到"已有的"——也就是我们之前在谈论的事物，接下来才会提到新的信息。所以在谈论杰克的时候，我们可能会说"杰克吃了一块饼干"，但是如果我们之前谈论的是一炉饼干，就会说"其中一块饼干被杰克吃了"。

图 5.5 展示了对图 5.4 的 seq2seq 求和机制的一个小变化。在图 5.5 中，摘要与英语词嵌入拼接在一起，馈送到每个窗口位置的解码器单元，而图 5.4 只输入了英语单词。从我们的新观点来看，这个模型在处理英语句子的所有部分时，对编码器的所有状态给予了同等的注意力。在注意力模型中，我们修改这一点，使各个状态在输入解码 RNN 之前以不同的权重混合在一起。我们将其称为"只关注位置的注意力机制"。真正的注意力模型要复杂得多，我们在补充阅读中再讨论这一点。

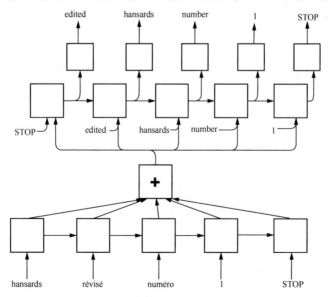

图 5.5 seq2seq 模型，其中编码器的摘要被直接馈送到解码器的每个窗口位置

接下来我们构建一个注意力模型结构，其中，在 i 位置的英语单词对在 j 位置的法语编码状态的注意力大小只取决于 i 和 j。一般来说，i 和 j 越接近，注意力就越大。如图 5.6 所示，是一个假想的权重矩阵，其对应的编码器（法语）窗长为 4，解码器窗长为 3。在此之前，我们假设两个窗长都是 13，但窗长不是必须相同。而且，由于法语比对应的英语翻译多出约 10% 的单词，我们可以将稍微大一点的法语窗长与较小的英语窗长匹配。此外，出于教学的原因，矩阵的不对称性使得数字对应的是英语还是法语单词更一目了然。

1/2	1/6	1/6
1/6	1/3	1/6
1/6	1/3	1/3
1/6	1/6	1/3

图 5.6　一个可能的权重矩阵，值更高的位置对应的法语/英语的权重更高

这里我们用 $W[i,j]$ 表示第 i 个法语状态用于预测第 j 个英语单词时的权重。所以任何英语单词的总权重都是列和（column sum），我们把列和设为 1。例如，第一列给出第一个英语单词的权重，我们查看第一列，发现第一个法语状态占了注意力的一半（设想窗长为 4），其余三个法语状态平均分配剩余注意力。现在，我们假设在实际程序中，图 5.6 的一个 13×13 版本是一个 TF 常量。

接下来，给定这个 13×13 的权重矩阵，如何使用它来计算特定英语输出的注意力大小？图 5.7 显示了批大小为 2、窗长为 3、RNN 大小为 4 情况下的张量流（tensor flow）和样本数值计算。在顶部有一个虚拟的编码器输出 encOut，批大小是 2，并且为了简单起见，批中两个元素完全相同。在每个批次中，我们有长度为 4（RNN 大小）的四个向量，每个都是在对应窗口位置上的 RNN 输出。所以在批次 0 中，第 1 个（从 0 计数）状态向量是（1,1,1,1）。

然后我们有设定好的权重向量 wAT，其维度大小为 4×3，是法语状态位置乘英语单词位置。因此第一列表示，第一个英文单词对应的状态向量中，60% 的信息来自第一个法语状态向量，其余 RNN 状态向量共占 40%。这种比例分配使每个英语单词的权重之和达到 100%。

接着是三个 TF 命令，它们允许我们取未加权的编码器状态，并为每个英语单词的决策生成加权版本。首先我们重新排列编码器输出张量，从[bSz, wSz, rnnSz]转为[bSz, rnnSz, wSz]，这是通过 tf.transpose 的命令实现的。这个转置命令接收两个参数，一个是待转置的张量，另一个是用括号括起来的整数向

量，指定要执行的转置。这里是[0,2,1]，它表明保持第 0 维不变，"2"表示将原来的第二维度转变为第一维，最后的"1"表示将原来第一维变为最后一个维度。我们可以通过执行 print sess.run(encOUT) 显示转置结果。

```
eo= ( (( 1, 2, 3, 4),
       ( 1, 1, 1, 1),
       ( 1, 1, 1, 1),
       ( -1, 0,-1, 0)),
      (( 1, 2, 3, 4),
       ( 1, 1, 1, 1),
       ( 1, 1, 1, 1),
       ( -1, 0,-1, 0)) )
encOut=tf.constant(eo, tf.float32)

AT = ( ( .6, .25, .25 ),
       ( .2, .25, .25 ),
       ( .1, .25, .25 ),
       ( .1, .25, .25 ) )
wAT = tf.constant(AT, tf.float32)

enOut = tf.transpose(encOut,[0,2,1])
encAT = tf.tensordot(encOut,wAT,[[2],[0]])
sess= tf.Session()

print sess.run(encAT)
'''[[[ 0.80000001  0.5          0.5        ]
    [ 1.50000012  1.           1.         ]
    [ 2.         1.           1.         ]
    [ 2.70000005  1.5         1.5        ]]
    ...] '''

decAT = tf.transpose(encAT,[0, 2, 1])
print sess.run(decAT)
'''[[[ 0.80000001 1.50000012   2.          2.70000005]
    [ 0.5          1.           1.          1.5        ]
    [ 0.5          1.           1.          1.5        ]]
    ...]'''
```

图5.7 设置批大小为2、窗长为3、RNN 大小为4（bSz = 2, wSz = 3, rnnSz = 4），简化的注意力计算

我们进行了转置，以便在下一步（tensordot）中更容易地进行矩阵乘法。事实上，如果没有批大小，我们只需将形状为[rnnSz, wSz]和[wSz, wSz]的张量相乘，并且可以使用标准矩阵乘法（matmul）。而批大小带来的额外维度否定了

这种可能性，我们只好依靠

```
encAT = tf.tensordot(encOut,wAT,[[2],[0]])
```

最后，我们反转之前执行的转置操作，将编码器的输出状态恢复到原始形式。

这里我们分析如何由图 5.7 顶部的虚拟编码器输出 eo 得到图 5.7 底部的最终结果。AT 中，列 (0.6,0.2,0.1,0.1) 表示给第一个英语单词一个向量，该向量由 60% 的 "状态" 0（即 eo 中的 (1, 2, 3, 4)）组成。所以我们期望得到的状态从左到右逐渐增加，即 (0.6, 1.2, 1.8, 2.4)（此为中间结果）。eo 的第二个状态 (1,1,1,1) 没有太大的影响（它给每个位置加 0.2，即增量为 (0.2,0.2,0.2,0.2)）。但是 eo 的最后一个状态 (−1,0,−1,0) 应该使结果上下起伏，它在某种程度上的确达到了这个目的（最终结果 (0.8,1.5,2,2.7) 的 4 个位置的分量均有增长，但第一个和第三个的增长小于第二个）。

如果我们有重新加权的编码器状态提供给解码器，就可以将每个状态与已输入解码器 RNN 的英语词嵌入拼接起来。这就完成了简单的注意力 MT 系统。然而，还有一点很重要：我们可以将 13×13 注意力矩阵设置为 TF 变量而不是一个常量，就可以让程序自动学习注意力权重。这个想法和我们在第 3 章中让神经网络学习卷积核的行为非常相似。图 5.8 显示了通过这种方式学习得到的一些权重。粗体数字是一行中最大的数字，它们显示了预期的向右移位——一般来说，英语开头、中间或结尾单词的翻译应该最注意对应法语的开头、中间或结尾。

−6.3	**1.3**	0.37	0.13	0.06	0.04	0.11	0.10	0.02
−0.66	−0.44	**0.64**	0.26	0.16	0.02	0.03	0.04	0.06
−0.38	−0.47	−0.04	**0.63**	0.18	0.10	0.07	0.06	0.12
−0.30	−0.44	−0.35	−0.15	**0.48**	0.24	0.06	0.13	0
−0.02	−0.16	−0.35	−0.37	−0.23	0.12	**0.32**	0.22	0.11
0.05	−0.11	−0.11	−0.35	−0.04	−0.22	0.05	**0.26**	0.24
0.10	0.02	−0.04	−0.23	−0.32	−0.33	−0.25	−0.01	**0.28**
0	0.03	0.01	−0.18	−0.21	−0.26	−0.30	−0.11	−0.17

图 5.8 13×13 注意力权重矩阵的左上角，8×9 注意力权重

5.4 多长度 seq2seq

在上一节中，我们将翻译对的句长都限制在 12 个单词之内（包括填充 STOP 后为 13），而在实际的 MT 中，这种限制是不允许的。另外，如果有一个窗长为

65 的窗口,它几乎可以翻译所有句子,这意味着一个正常的句子需要 40 或 50 个 STOP 填充。神经网络 MT 社群采用的解决方案是创建具有多个窗口长度 (multiple window length)的模型。接下来我们展示这是如何工作的。

回顾图 5.2 的第 5~8 行。从我们目前的角度来看,两个主要负责设置编码器 RNN 的 TF 命令都没有提到窗长,这一点很令人吃惊。一方面,创建 GRU 需要知道 RNN 大小,因为它决定了为 GRU 变量分配的空间大小,但是窗长对此没有影响。另一方面,dynamic_rnn 需要知道窗长,因为它负责创建 TF 图片段,这些片段执行基于时间的反向传播,而且 dynamic_rnn 通过大小为[bSz, wSz, embedSz]的变量 embs 获取信息。假设我们决定支持两种不同的窗长组合,第一种组合处理法语不超过 14 个单词、英语不超过 12 个单词的所有句子。第二组合处理的长度乘以 2,分别为 28 和 24。如果法语句子长于 28 或者英语句子长于 24,我们就放弃这个样本。如果法语长度大于 14 或英语长度大于 12,但小于 28、24 的限制,我们将这个句对放入较大的组中。然后,我们创建一个 GRU,用于两个 dynamic_rnn,如下所示:

```
cell = tf.contrib.rnn.GRUCell(rnnSz)
encOutSmall, encStateS = tf.nn.dynamic_rnn(cell, smallerEmbs, ...)
encOutLarge, encStateL= tf.nn.dynamic_rnn(cell, largerEmbs, ...)
```

请注意,虽然我们有两个 dynamic_rnn(或者可能有五六个,这取决于我们想要容纳的句长范围),但是它们都共享同一个 GRU 单元,因此它们学习和共享相同的法语知识。以类似的方式,我们可以创建一个英语 GRU 单元。

5.5 编程练习

本章集中讨论了在 MT 中使用的神经网络技术,因此我们在这里试图构建一个翻译程序。不幸的是,根据目前的深度学习的发展水平,这是非常困难的。虽然深度学习最近取得了巨大的进展,但那些号称效果良好的程序需要大约 10 亿个训练样本和几天的训练时间,这不适合学生练习。

我们将使用大约一百万个训练样本——加拿大议会议事录(Canadian Hansards)的一些文本,且仅限于法语/英语样本,这些样本句长都小于或等于 12 个单词(包含 STOP 填充后为 13)。我们还将超参数设置为较小数值,嵌入向量大小为 30,RNN 大小为 64,并且只训练一轮。我们将学习率设为 0.005。

如前所述,评估 MT 程序很困难,无法对翻译进行人工检查和评分。所以我们采用了一个特别简单的方法，即遍历英语翻译，检查每个单词是否正确，直到到达第一个 STOP 后停止。如果一个机器生成的单词与加拿大议会英语文本中的相同位置的单词是一样的，那么这个单词就被认为是正确的。再重复一遍，我们在第一个 STOP 后停止评分。例如，

| the | law | is | very | clear | . | STOP |
| the | *UNK* | is | a | clear | . | STOP |

这个样本 7 个单词中有 5 个是正确的。最后，我们将正确单词的总数除以验证集中英语句子所有单词数。

使用这个评价指标，在一轮训练后我们的程序在测试集上的正确率为 59%（第二轮后为 65%，第三轮后为 67%）。判断这个结果是好是坏，取决于你之前的期望。鉴于我之前说过效果良好的程序需要大约 10 亿个训练样本，也许你的期望值很低，我也是。然而，对翻译结果的检查显示，59% 的正确率也过于乐观。我们运行程序，每 400 批次（批大小为 32）打印输出其中第一句话。最先出现的将输入正确翻译的两个训练样本是

```
Epoch 0 Batch 6401 Cor: 0.432627

* * *

* * *

* * *


Epoch 0 Batch 6801 Cor: 0.438996

le très hon. jean chrétien

right hon. jean chrétien

right hon. jean chrétien
```

编辑人员在议会各会议记录之间插入了 "* * *"。351,846 行文件中的 14,410 行仅由该标记组成。在第一轮中（已经进行了一半），程序已经记住了对应的 "英语" 翻译（实际上是相同的符号）。同样，下一位发言者的名字总是会放置在他们的发言之前。在这卷会议记录中，"jean chrétien" 是加拿大总理，他发言了 64 次，所以程序也记住了他名字的翻译。人们可能会问，是否有正确的翻译不是依靠记忆得到的？答案是肯定的，但不多。以下是 22,000 个测试集样本中的最后 6 个这种样本。

```
19154 the problem is very serious .

21191 hon. george s. baker :
```

```
21404 mr. bernard bigras ( rosemont , bq ) moved :

21437 mr. bernard bigras ( rosemont , bq ) moved :

21741 he is correct .

21744 we will support the bill .
```

这些样本都是使用双重注意力机制训练后的结果，其中 RNN 大小为 64，学习率为 0.005，训练 1 轮。根据前面的评价指标，测试集的正确率为 68.6%，我们打印出了所有翻译完全正确且与英语训练语句不重复的测试样本。

　　了解状态如何随着句中单词而变化是非常有用的，特别是当第一个 seq2seq 模型使用编码器的最终状态来启动英语解码器时。由于不论原法语句子长度是多少（最长 12），我们只取了第 13 个单词的状态，如果原始法语句子是 5 个单词，那么我们假设取 8 个 STOP 之后的状态不会有太多影响。为了证实这一点，我们观察了编码器产生的 13 个状态，并为每个状态计算了连续状态之间的余弦相似度。下面是第三轮训练中处理的一个训练句子。

```
English: that has already been dealt with .

Translation: it is a . a . .

French word indices:[18, 528, 65, 6476, 41, 0, 0, 0, 0, 0, 0, 0, 0]

State similarity: .078 .57 .77 .70 .90 1 1 1 1 1 1 1 1
```

　　你可能首先会注意到"翻译"的糟糕质量（8 个单词中仅有两个单词"."和"STOP"是正确的），但是状态的相似性是很合理的。特别是在句子末尾，即单词 f5（法语第五个单词）之后，所有的状态相似性都是 1.0，这意味着状态不会因为填充而改变，正如我们所预计的那样。

　　第一个状态和第二个状态最不相似。之后，相似性几乎是单调增加。换句话说，越靠近后面的部分，就会有更多过去的信息值得保留，所以有更多的旧状态保存下来，使得下一个状态类似于当前状态。

5.6　参考文献和补充阅读

　　20 世纪 80 年代，在 IBM 公司由 Fred Jelinek 领导的小组开始着手一个项目：创建一个机器翻译程序，让机器使用统计规律学习翻译。这个"统计规律"指贝叶斯机器学习算法，数据来自加拿大议会议事录语料库[BCP+88]，和本章中使用的一样。这种方法，开始不被认可，但在几年后成为主导方法，并且在最近几年也还占据着统治地位。现在,深度学习方法正在迅速普及,基于神经网络的商业 MT 系统全面取代基于统计的 MT 系统只是时间问题。基于神经网络的 MT 的早期示例是由 Kalchbrenner 和 Blunsom 提出的[KB13]。

Dzmitry Bahdanau 等人介绍了 seq2seq 模型的对齐概念[BCB14],这个小组也是第一个使用标准术语"神经机器翻译"(neural machine translation)描述该方法的科研人员。在本章仅基于位置的注意力模型中,当模型决定给予相应的法语状态多少权重时,模型仅依据法语和英语单词位置对应的数值做出决策。而在文献[BCB14]中,模型的权重还与对应位置的法语和英语的 LSTM 状态信息有关。

在本书出版之际,由 Thad Luong 等人编纂的在线 MT 教程刚刚上线[TL]。之前谷歌的 seq2seq/MT 教程在教学方面并不理想,就好比一本烹饪书教你如何做煎饼,步骤却是"混合 10 万加仑(1 美制加仑≈3.785 升)牛奶和 100 万个鸡蛋……"。但这个在线教程看起来很合理,可以为进一步研究 seq2seq(尤其是神经网络 MT 方面的应用),打下良好的基础。

除了 MT 之外,seq2seq 模型在其他许多任务中已投入使用。目前特别"热门"的是聊天机器人——对于给定的会话语句,程序试图将会话进行下去。它们也是家庭助手——例如亚马逊的 Alexa——的基础之一。("热门"在这里用得恰到好处:一本在线聊天机器人杂志中有一篇题为"为什么聊天机器人是营销的未来"的文章。)Surlyadeepan Ram 在一篇文章中就这个主题提出了一个可行的项目[Ram 17]。

5.7 习题

练习 5.1 假设我们在 MT 程序中使用多长度 seq2seq,并决定了两种句长,一种句长是英语句子最多 7 个单词(包括 STOP),法语句子最多 10 个单词;另一种句长是英语最多 10 个单词,法语最多 13 个单词。如果法语句子是"A B C D E F",英语句子是"M N O P Q R S T",请写出输入内容。

练习 5.2 在 5.3 节中,我们用一种简单的形式来说明注意力机制,这种形式仅基于法语和英语中注意力的位置来做出注意力决策。更复杂的版本则是基于当前正在处理的英语位置的输入状态向量和需要决定其影响的状态向量做出决策。虽然复杂版本提供更复杂的判断,但它显著提高了模型的复杂性。特别是,对于解码器我们不能再使用标准 TF 循环网络基于时间的反向传播。解释原因。

练习 5.3 通常，将源语言逆序输入 seq2seq 编码器（但解码器输入仍为正序）会以较小的固定值提高 MT 性能，解释可能的原因。

练习 5.4 原则上，我们可以构建一个包含两个损失的 seq2seq 模型，将这两个损失相加得到总损失。第一个损失是当前 MT 损失，它是没有以"概率 1"预测下一个目标单词得到的损失。第二个损失是编码器中产生的损失，要求编码器预测下一个源语（例如法语）单词，即语言模型损失。（a）解释为什么这样做可能会降低性能；（b）解释为什么这样做可能会提高性能。

第6章
深度强化学习

强化学习（Reinforcement Learning，缩写为 RL）是机器学习的一个分支，它学习的是一个智能体在一个环境中如何行动才能获得最大的奖励。当然，深度强化学习结合了深度学习的方法。

通常，强化学习的环境在数学上定义为马尔可夫决策过程（Markov Decision Process，缩写为 MDP）。MDP 由状态集（$s \in S$）、有限的行动集（$a \in A$）、转移函数 $T(s, a, s') = \mathrm{Pr}(S_{t+1} = s' \mid S_t = s, A = a)$、奖励函数 $R(s, a, s')$ 和折扣因子 $\gamma \in [0, 1]$ 组成。其中，状态集包含了某个智能体可能所处的状态（比如地图上的位置）；转移函数 $T(s, a, s')$ 将智能体从一个状态转移到另一个状态；而奖励函数 $R(s, a, s')$ 表示从一个状态、行动和后续状态到实域的映射；γ 的含义稍后解释。一般来说，动作是概率性的，所以 T 表示在特定状态下采取行动后可能得到的后续状态的概率分布。这种模型称为马尔可夫决策过程，因为它们基于马尔可夫假设——下一个状态或奖励仅仅与当前的行动或状态有关，与历史（我们如何到达当前状态）的选择无关。

在 MDP 中，时间是离散的。在任何时候，智能体都处于某种状态，采取某种行动，可使其进入一种新的状态，并获得某种奖励，通常是零奖励。MDP 的目标是最大化其折扣未来奖励（discounted future reward），定义如下：

$$\sum_{t=0}^{\infty} \gamma^t R(s_t, a_t, s_{t+1}) \qquad (6.1)$$

如果 $\gamma < 1$，那么这个和是有限的。如果 γ 缺失（或等于 1），那么总和会增长到无穷大，这会导致数学复杂化。典型的 γ 值是 0.9。由于与我们现在获得的奖励相比，重复乘小于 1 的数值会导致模型在未来获得的奖励打"折扣"（值较低），所以式（6.1）得到的量称为"折扣未来奖励"。这是合理的，因为没有人永远活着。

1. 对于所有 s，设置 $V(s)=0$

2. 重复，直到收敛

   （a）对于所有 s

       i. 对于所有 a，设置 $Q(s,a)=\sum_{s'} T(s,a,s')(R(s,a,s')+\gamma V(s'))$

       ii. $V(s)=\max_{a} Q(s,a)$

3. 返回 Q

图 6.1 值迭代算法

我们的目标是求解 MDP 问题，即寻找最优策略。策略记为函数 $\pi(s) = a$，它为每个状态 s 指定智能体应该采取的行动。如果指定的行动产生了最大期望折扣未来奖励，则该策略是最优策略，表示为 $\pi^*(s)$。这里的期望是指找到期望值，如 2.4.3 节所述。由于行动不是确定性的，同样的行动最终可能会带来完全不同的奖励。

所以这一章围绕学习最优 MDP 策略展开：首先使用称为列表法（tabular method）的方法，然后使用其对应的深度学习方法。

6.1 值迭代

在讨论求解 MDP 之前，我们需要回答一个基本问题：我们是假设智能体"知道"函数 T 和 R，还是它必须在环境中漫游才能学习函数 T 和 R 并创建其策略。如果我们知道 T 和 R，难度会大大降低，所以我们从这个假设开始。在本节中，我们还假设 MDP 中只有有限数量的状态 s。

值迭代就像 MDP 中的策略学习一样简单（事实上，可以说它根本不是一种学习算法，因为它不需要获得训练样本或与环境进行交互），该算法如图 6.1 所示。V 是一个值函数，是一个 $|s|$ 维向量，其中每项 $V(s)$ 是我们使用初始状态 s 时所希望的最佳期望折扣奖励。Q（简单称为 Q 函数）是大小为 $|s|$ 乘 $|a|$ 的列表。在这个列表中，我们存储的信息是在状态 s 中采取行动 a 得到的折扣奖励的当前估值。对于每个状态，值函数 V 都有一个实数值，数值越大，到达那个状态就越好。Q 则有更好的细粒度：它给出了每个状态-行动对（state-action）的期望值。如果 V 中的值是正确的，那么第 2(a)i 行会正确设置 $Q(s,a)$。这意味着 $Q(s,a)$ 的值由即时奖励 $R(s,a,s')$ 加上我们最终所处状态的值组成，正如

V 所指定的那样。由于行动不是确定性的，我们必须对所有可能的状态求和。通过这样的运算我们得到期望值。

一旦我们有了正确的 Q，我们就可以通过选择动作 $a = \underset{a'}{\mathrm{argmax}}Q(s,a')$ 来确定最优策略 π。这里，$\underset{x}{\mathrm{argmax}}g(x)$ 返回使 $g(x)$ 最大的 x 值。

为了使这一点具象化，我们设想一个非常简单的 MDP——冰湖问题（frozen-lake problem，简称 FL）。这个游戏是 Open AI Gym 的一个部分。Open AI Gym 是一组带有统一应用程序接口的电脑游戏，用于强化学习实验。如图 6.2 所示，我们有一个 4×4 的网格（湖）。游戏的目标是从开始位置（左上角的状态 0）到目标位置（右下角），并且不能掉进冰洞里。每当我们采取行动并到达目标状态时，我们会得到 1 的奖励，其他所有"状态-行动-状态"三元组都是零奖励。如果我们进入了冰洞状态（或目标位置），游戏将停止，如果我们再次玩游戏，我们将返回到开始状态。除此之外，我们向左（l）、向下（d）、向右（r）或向上（u）行动时（对应的数字分别为 0 到 3），会有一定的概率"滑动"而不朝预期方向前进。事实上，在 Open AI Gym 游戏中，采取一个行动，例如"向右"，会有同等的概率滑往其他紧邻状态，但完全相反的方向（例如"向左"）除外，所以它非常滑。如果采取某个行动会让我们离开冰湖，我们将待在原来的状态。

0:S	1:F	2:F	3:F
4:F	5:H	6:F	7:H
8:F	9:F	10:F	11:H
12:H	13:F	14:F	15:G

S	开始位置
F	冰冻位置
H	冰洞
G	目标位置

图 6.2 冰湖问题

为了计算冰湖的 V 和 Q，我们反复遍历所有的状态 s 并重新计算 $V(s)$。假设状态为 1，需要首先计算四个行动的 $Q(1,a)$，然后将 $V(1)$ 设置为四个 Q 值中的最大值。第一步我们计算向左移动会得到什么，即 $Q(1,l)$。为此，我们需要对所有游戏状态 s' 求和。游戏中有 16 个状态，但是从状态 1 开始，向左移动我们只能以非零概率到达三个状态——0、5和1本身（尝试向上移动，但由于被湖边界阻挡，所以根本移动不了）。因此，只看具有非零 $T(1,l,s')$ 值的结束状态 s'，我们计算总和如下：

$$Q(1,l) = 0.33 \times (0 + 0.9 \times 0) + 0.33 \times (0 + 0.9 \times 0) + 0.33 \times (0 + 0.9 \times 0) \qquad (6.2)$$

$$= 0 + 0 + 0 \qquad (6.3)$$

$$= 0 \qquad (6.4)$$

第一个被加数表示，当我们试图向左移动时，有 0.33 的概率停止在状态 0。我们这样做得到零奖励，预估未来奖励是 $0.9 \times 0 = 0$。如果我们没能向左，而是向下滑动（并最终处于状态 5）或保持在状态 1，也会出现这种情况，所以 $Q(1,l) = 0$。因为我们从状态 1 可能到达的三个状态的 V 值都是 0，所以 $Q(1,d)$ 和 $Q(1,u)$ 也都是 0，并且第 2(a)ii 行设置 $V(1) = 0$。

实际上，在第一轮迭代中，V 一直为 0，直到状态 14，我们才得到非零值 $Q(14,d)$、$Q(14,r)$ 和 $Q(14,u)$，

$$Q(14,d) = 0.33 \times (0 + 0.9 \times 0) + 0.33 \times (0 + 0.9 \times 0) + 0.33 \times (1 + 0.9 \times 0) = 0.33$$

$$Q(14,r) = 0.33 \times (0 + 0.9 \times 0) + 0.33 \times (0 + 0.9 \times 0) + 0.33 \times (1 + 0.9 \times 0) = 0.33$$

$$Q(14,u) = 0.33 \times (0 + 0.9 \times 0) + 0.33 \times (0 + 0.9 \times 0) + 0.33 \times (1 + 0.9 \times 0) = 0.33$$

并且 $V(14)=0.33$。

图 6.3 的左表是第一轮迭代后的 V 值表。值迭代是通过保存函数值的最佳估值表来实现最优策略的几种算法之一，所以它被称为列表法。

0	0	0	0		0	0	0	0
0	0	0	0		0	0	0	0
0	0	0	0		0	0	0.1	0
0	0	0.33	0		0	0.1	0.46	0

图 6.3 第一轮和第二轮值迭代后的状态值

在第二轮迭代中，大多数值仍然保持为 0，但这次状态 10 和状态 13 也可以得到非零的 Q 和 V 项，因为从状态 10 和状态 13 我们可以达到状态 14，如图 6.3 左表所示，此时 $V(14)=0.33$。第二轮值迭代后的 V 值如图 6.3 右表所示。

另一种理解值迭代的方式是，V（和 Q）的每一次改变都包含了移动一步后未来会发生什么的确切信息（我们得到奖励 R），但之后又返回到已经包含在这些函数中的最初的不准确信息。最终，这些函数包含了越来越多我们尚未得到的

状态信息。

6.2 Q学习

　　值迭代假设学习者能够接触模型环境的完整细节，而现在我们考虑相反的情况——无模型学习。智能体可以通过移动来探索环境，并且它可以获得关于奖励和下一个状态的信息，但是它不知道实际的转移概率 T 或奖励函数 R。

　　假设我们的环境是一个马尔可夫决策过程，在无模型环境中，最明显的规划方法是在环境中随机漫步，收集关于 T、R 的统计数据，然后根据上一节所述的 Q 表创建一个策略，图 6.4 显示了执行此操作的程序的要点。第 1 行创建冰湖游戏。我们调用 reset() 开始游戏（从初始状态开始），当我们落入冰洞或到达目标位置后，冰湖游戏的单次运行结束。所以外循环（第 2 行）指定我们要运行游戏 1,000 次，而内循环（第 4 行）指定我们在移动 99 步后结束游戏（实际上，这从未发生过——在 99 步之前，我们就落入了冰洞或到达了目标位置）。第 5 行规定，在每一步，我们首先随机生成下一个行动。有四种可能的行动，左、下、右和上，分别对应数字 0 到 3。第 6 行非常关键，函数 step(act)接收一个参数（要采取的行动），并返回四个值。第一个值是采取行动后游戏到达的状态（在 FL 中是 0 到 15 的整数），第二个值是我们得到的奖励值（在 FL中通常是 0，偶尔是 1）。第三个值是图 6.4 中称为 dn 的状态，它是游戏运行是否结束（即我们掉进了一个洞或到达了目标位置）的指示器。最后一个值是真实转移概率（transition probabilities）的信息，如果我们进行无模型学习，我们会忽略这一信息。

```
0 import gym
1 game = gym.make('FrozenLake-v0')
2 for i in range(1000):
3     st = game.reset()
4     for stps in range(99):
5         act=np.random.randint(0,4)
6         nst,rwd,dn,_=game.step(act)
7         # update T and R
8         if dn: break
```

图 6.4 为 Open AI Gym 游戏收集统计数据

对于收集统计数据来说，在游戏中随机漫步其实是一种非常糟糕的方法。大多数情况是我们随机漫步，然后落入一个洞，再回到起点，收集的都是起点附近状态的统计数据。更好的方法是同时进行学习和漫步，允许学习到的经验影响我们移动至哪里。如果我们确实在这个过程中收集了有用的信息，那么随着我们的进步，我们会越来越深入游戏中，从而了解更多不同的状态。在本节中，我们选取两种方式：（a）以概率ϵ随机选择移动，或（b）以概率$(1-\epsilon)$移动；均基于我们到目前为止收集到的知识来做出决策。如果ϵ是固定的，这被称为 epsilon 贪婪策略（epsilon-greedy strategy）。

常见做法还有，随时间降低ϵ值（epsilon 递减策略，epsilon-decreasing strategy）。有一个简单方法可以做到这一点，即有一个关联的超参数E，并设置$\epsilon=\dfrac{E}{i+E}$，其中i是我们玩游戏的次数（所以E是从随机为主转变为学习为主的游戏数量）。正如你可能预料的那样，选择直接探索还是基于我们目前对游戏的理解进行决策，会对我们学习游戏的速度产生很大影响，我们称其为"探索-利用平衡"（exploration-exploitation tradeoff）。（当我们使用收集到的游戏知识时，可以描述为利用我们已经掌握的知识。）

另一种将探索和利用结合起来的流行方法是使用Q函数给出的值，不过是将它们转换成概率分布，然后根据该分布选择一个行动，而不是总是选择具有最高值的行动（后者称为贪婪算法）。所以如果我们有三个行动，且它们的Q值是[4,1,1]，则我们每次有三分之二的概率会选择第一个行动。

Q学习是将探索和利用相结合的早期最流行的无模型学习算法之一，其基本思想不是学习R和T，而是直接学习Q和V表。我们现在修改图 6.4 的第 5 行（我们不再完全随机地行动）和第 7 行，在第 7 行我们修改Q和V，而不是R和T。

我们已经解释了在第 5 行中会做何修改，现在我们讨论第 7 行。根据图 6.4的第 6 行，我们在游戏中迈出一步之后，Q学习更新的公式是

$$Q(s,a) = (1-\alpha)Q(s,a) + \alpha(R(s,a,n) + \gamma V(n)) \tag{6.5}$$

$$V(s) = \max_{a'} Q(s,a') \tag{6.6}$$

其中，s是上一步状态，a是我们已采取的行动，n是我们现在的状态。

$Q(s,a)$的新值是其旧值和新信息的混合物，且由α控制混合比例——所以α是一种学习率（learning rate）。通常，α值很小。通过对比上述公式与图 6.1中值迭代算法的第 2(a)i 行和第 2(a)ii 行，我们可以知道需要α的原因。在图 6.1 中，对于算法给出了R和T，所以我们可以对采取行动后的所有可能结果

求和。在 Q 学习中，我们不能这样做，因为我们只有迈出一步后的结果，新信息仅仅基于我们在环境探索中的一个移动。假设我们正处于图 6.2 中的状态 14，但我们不知道有一个非常小的概率（0.0001），即如果从该状态向下移动，我们得到-10 的"奖励"。奇怪的是这种情况基本不会发生，但如果真的发生了，事情会变得一团糟，这意味着算法不应该过分强调单个移动。在值迭代中，我们既知道 T 又知道 R，算法既考虑了负奖励的可能性，也考虑了负奖励发生的低概率。

6.3　深度 Q 学习基础

理解了列表 Q 学习之后，我们现在可以开始学习深度 Q 学习。与列表法一样，我们从图 6.4 的模式开始。这次最大的变化是我们用神经网络模型来表示 Q 函数，而不是使用列表。

在第 1 章中，我们简要地提到可以将机器学习描述为一个函数逼近问题——寻找一个函数可以匹配目标函数，例如，目标函数将像素映射到十个整数中的一个，其中像素来自相应数字的图片。假设我们对应输入给定了一些目标函数的值，我们的目标是创建一个函数，使该函数的输出与所有值紧密匹配，并且通过这样做可以在没有给定值的位置填充函数值。在深度 Q 学习的示例中，"函数逼近"这个比喻是完全恰当的——我们将通过在马尔可夫决策过程中漫游和学习，运用神经网络逼近（未知的）Q 函数。

在这里我们强调，并不是冰湖的例子促进了列表法到深度学习模型的转变，虽然冰湖问题正是适合列表 Q 学习的问题类型。当状态过多导致无法为它们创建列表时，我们就需要使用深度 Q 学习。

神经网络再度出现的原因之一是，单一神经网络模型的创建可以将深度 Q 学习应用到许多雅达利（Atari）游戏中。这个程序是由 DeepMind 创建的，谷歌在 2014 年收购了这家初创公司。通过用游戏生成的图片中的像素来表示游戏，DeepMind 能够生成一个程序来学习一系列不同的游戏。每个像素组合都是一种状态，我（本书作者）一时记不起他们使用的图片大小，但是即使它像我们曾使用的 Mnist 28×28 图片一样小，且每个像素是黑白两色之一，那也有 2^{784} 个可能的像素值组合——原则上这是 Q 表中需要的状态数。无论如何，这对于列表法来说太多了（作者查了一下：雅达利游戏的窗口是 210×160 的 RGB 图片，DeepMind 程序把它缩小到

84×84 的黑白图片)。我们稍后会讨论比冰湖更复杂的例子。

用神经网络函数替换 Q 表可以归结为:如图 6.5 所示,我们将状态输入一个单层神经网络,这一操作实际上调用了 Q 表,以得到一个行动建议,这和列表 Q 学习仅查找 Q 表不同。图 6.6 给出了只创建 Q 学习函数 TF 模型参数的代码。我们输入当前状态(标量 inptSt),把它转换成独热向量 oneH,这一转换通过单层线性单元 Q 完成。Q 的形状为 16×4,其中 16 是状态的独热向量大小,4 是可能的行动数。输出 qVals 是 $Q(s)$ 的项,outAct 是 Q 表项的最大值,是策略建议。

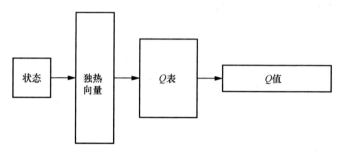

图 6.5　冰湖问题的深度 Q 学习神经网络

图 6.6 中隐含的假设是,我们一次只玩一个游戏,因此当我们馈入输入状态(并得到一个策略建议)时,只有一个状态。从我们对神经网络的正常处理来看,这相当于批大小为 1。例如,输入状态 inptSt 是一个标量——行动者所处的状态对应的数字,下一行代码中 oneH 是一个向量。然后,由于 matmul 需要两个矩阵,因此我们在调用它的时候使用[oneH]。这又意味着 qVals 将是形状为[1,4]的矩阵,即它将只包含一步行动(向上、向下等)的 Q 值。最后,outAct 的形状是[1],因此行动建议是 outAct[0](当我们在图 6.7 中展示深度 Q 学习的其余代码时,你应该会明白为什么我们要深入解释细节)。

```
inptSt = tf.placeholder(dtype=tf.int32)
oneH=tf.one_hot(inptSt,16)
Q= tf.Variable(tf.random_uniform([16,4],0,0.01))
qVals= tf.matmul([oneH],Q)
outAct= tf.argmax(qVals,1)
```

图 6.6　Q 学习函数的 TF 模型参数

```
1 nextQ = tf.placeholder(shape=[1,4],dtype=tf.float32)
2 loss = tf.reduce_sum(tf.square(nextQ - qVals))
```

```
3 trainer = tf.train.GradientDescentOptimizer(learning_rate=0.1)
4 updateMod = trainer.minimize(loss)
5 init = tf.global_variables_initializer()

6 gamma = .99
7 game=gym.make('FrozenLake-v0')
8 rTot=0
9 with tf.Session() as sess:
10 sess.run(init)
11 for i in range(2000):
12   e = 50.0/(i + 50)
13   s=game.reset()
14   for j in range(99):
15     nActs,nxtQ=sess.run([outAct,qVals],feed_dict={inptSt: s})
16     nAct=nActs[0]
17     if np.random.rand(1)<e: nAct= game.action_space.sample()
18
19     s1,rwd,dn,_ = game.step(nAct)
20     Q1 = sess.run(qVals,feed_dict={inptSt: s1})
21     nxtQ[0,nAct] = rwd + gamma*(np.max(Q1))
22     sess.run(updateMod,feed_dict={inptSt:s, nextQ:nxtQ})
23     rTot+=rwd
24     if dn: break
25     s = s1
26 print "Percent games successful: ", rTot/2000
```

图 6.7 深度 Q 学习代码的剩余部分

与列表 Q 学习一样,算法要么随机(在学习过程开始时),要么基于 Q 表推荐(接近学习过程结束时),选择一个行动。在深度 Q 学习中,我们通过将当前状态 s 输入图 6.5 的神经网络,并根据四个行动最高值来选择行动 u、d、r 或 l,从而获得 Q 表建议。一旦有了行动,我们就调用 step 函数来获得结果,然后从中学习。当然,要在深度学习中做到这一点,我们需要一个损失函数。

但是现在我们的问题是,深度 Q 学习的损失函数是什么?这很关键,因为正如一直以来很明显的,当我们采取行动时,特别是在早期学习阶段时,我们不知道这些行动是好是坏!然而,我们知道以下几点。平均而言,

$$R(s,a)+\gamma \max_{a'} Q(s',a') \tag{6.7}$$

比当前值更能准确估计 $Q(s,a)$(和之前一样,s' 是处在 s 时采取行动 a 之后的结束状态),因为我们预看了一步移动,所以我们计算损失如下:

$$(Q(s,a) - (R(s,a) + \gamma \max_{a'} Q(s',a')))^2 \qquad (6.8)$$

即，刚刚得到的值（当我们采取一步行动时）和预测值（来自 Q 表/函数）之间的差值的平方。这被称为平方误差损失（squared-error loss）或二次损失（quadratic loss）。由网络计算出的 Q 值是第一项，通过观察下一个行动的实际奖励得出的值加上未来一步的 Q 值是第二项，第一项与第二项之间的差值称为时序差分误差（temporal difference error），或称 TD(0)。如果我们预看两步，那就是 TD(1)。

图 6.7 给出了 TF 代码的其余部分（接图 6.6 部分）。前五行构建了 TF 图的剩余部分，现在浏览代码的其余部分，重点放在第 7、11、13、14、19 和 24 行。它们实现了基本的 AI Gym "漫游"，也就是说，它们对应图 6.4 中的所有内容。我们创建游戏（第 7 行）并独立地玩 2000 次游戏（第 11 行），每次都从 game.reset() 开始（第 13 行），每回合最多有 99 次移动（第 14 行），实际移动发生在第 19 行，我们命名为 dn 的标记表明游戏结束（第 24 行）。

还有两处没有谈到，第 15 行到第 17 行（选择下一个行动）和第 20 行到第 22 行。第 15 行是正向传递，在正向传递中，我们将当前状态输入神经网络，并得到长度为 1 的向量（下一行该向量变成标量——行动对应的数字）。我们总是给程序一个很小的概率，可以采取随机行动（第 17 行），这确保了最终我们可以探索所有的游戏空间。第 20 行到第 22 行涉及计算损失和执行反向传递以更新模型参数，这也是第 1 行到第 5 行的内容，它创建了 TF 图以计算和更新损失。

这个程序的性能不如列表 Q 学习，但也正如我们所说的，列表法非常适合冰湖问题 MDP。

6.4　策略梯度法

现在我们来看 Open AI Gym 中无法用标准列表法解决的车杆问题（cart pole）和新的深度强化学习方法——策略梯度（policy gradients）。"车杆"游戏如图 6.8 所示，在一维轨道上有一辆推车，一根杆子通过一个粘着的接头连接在推车上，当车被推向某个方向时，杆子的顶部会根据牛顿定律向左或向右移动。一个状态由四个值组成——前一次移动后的推车位置、当前移动后的推车位置、前一次移动后的车杆角度和当前移动后车杆角度。我们给出连续时间上的数值，使程序能够计算出运动的方向。玩家可以采取两种行动：向右或向左推动推车。推力大小总是相同。如果推车向右或向左移动太远，或者车杆顶部偏离垂直方向太远，会出现 step 信号表示当前游戏结束，而后需要 reset 以开始新游戏。我们在失败前的每一步都会得到一个单位的奖励，当然，我们的目标是尽可能长时间地将推车和车杆保持在合适位置上。由于状态对应于四元实数组，所以可能的状态数量是无限的，这使得列表法无法使用。

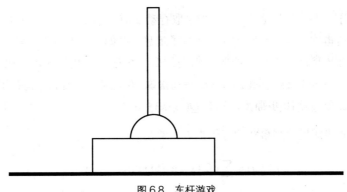

图 6.8　车杆游戏

到目前为止，我们已经使用了神经网络模型来逼近 MDP 的 Q 函数。在这一节中，我们将会展示神经网络直接对策略函数进行建模的方法。我们再次讨论无模型学习，并且再次采用在游戏环境中漫游的模式，最初主要通过随机方式选择动作，后续转而使用神经网络推荐。正如本章中其他部分一样，当务之急是找到合适的损失函数，因为我们不知道采取何种行动才是正确的。

在深度 Q 学习中，我们一次只移动一步，并且依赖于这样一个事实：在移动之后，我们得到了奖励，并最终进入了一个新的状态，由此我们积累了更多的当前本地环境知识。我们的损失是基于旧知识的预测（如 Q 函数）和实际发生的情况之间的差异。

在这里，我们尝试一些不同的东西。假设我们在一次游戏的整个迭代过程中，没有对网络做任何修改——例如，在车杆顶点翻转之前，我们移动了 20 步（推车）。这一次，我们根据 Q 函数得到的概率分布来选择行动，从而进行探索/利用，而不是取 Q 函数最大值。

在这种情况下，我们可以计算第一个状态的折扣奖励（$D_0(\boldsymbol{s},\boldsymbol{a})$），这个状态之后是我们刚刚尝试的所有状态和行动。

$$D_0(\boldsymbol{s},\boldsymbol{a}) = \sum_{t=0}^{n-1} \gamma^t R(s_t, a_t, s_{t+1}) \tag{6.9}$$

如果采取了 n 步行动，可以根据以下递归关系计算任何"状态-行动"组合 (s_i, a_i) 的未来折扣奖励。

$$D_n(\boldsymbol{s}, \boldsymbol{a}) = 0 \tag{6.10}$$

$$D_i(\boldsymbol{s}, \boldsymbol{a}) = R(s_i, a_i, s_{i+1}) + \gamma D_{i+1}(\boldsymbol{s}, \boldsymbol{a}) \tag{6.11}$$

例如，我们经过的一系列状态中（当采取行动 $\boldsymbol{a}$ 时）的第四个状态的折扣未来奖励是 D_4。请再次注意，我们在这里获得了信息。例如，在我们尝试第一个随机移动序列之前，我们不知道可能的奖励是什么。在这之后我们知道，比如说，10是可能的奖励（对于一个随机的移动序列来说 10 确实是合理的）。又或者，我们现在知道如果在第 10 步翻倒，那么 $Q(s_9, a_9) = 0$。

一个能够捕捉这些事实的好的损失函数是

$$L(\boldsymbol{s}, \boldsymbol{a}) = \sum_{t=0}^{n-1} (D_t(\boldsymbol{s}, \boldsymbol{a})(-\log \Pr(a_t \mid s_t))) \tag{6.12}$$

要理解这个函数，首先要注意最右边的项是交叉熵损失，它本身就能鼓励网络对状态 s_t 做出响应、输出行动 a_t。当然，这本身是非常无用的，特别是在学习开始阶段，我们是随机采取行动的。

接下来考虑 D_t 值如何影响损失，特别是 a_0 对 s_0 是错误的行动时。例如，假设开始时推车位于中间，并且车杆倾向于右边，我们选择向左移动推车，使车杆进一步向右倾斜。读者应该看到，在其他条件相同的情况下，此时 D_0 的值比向右移动得到的值要小——原因是（其他条件相同），如果第一次移动是"好的"，杆和车保持在界限内的时间更长（n 更大），D 值也更大。因此，式（6.12）代入坏 a_0 后得到的损失更大，这样就可以训练神经网络更喜欢好的 a_0。

这种架构/损失函数组合被称为 REINFORCE。图 6.9 显示了基本架构，需要注意的重点是，这里的神经网络有两种不同的使用模式。首先，从左边看，我们给神经网络输入一个单一状态，如前所述，它是一个四元实数组，表示推车和杆头的位置和速度。在这种模式下，我们得出采取两种可能行动的概率，如图 6.9 中间靠右部分所示。在这种模式下，我们不为奖励或行动的 placeholder 提供值，因为（a）我们不知道它们，（b）我们不需要它们，因为此时我们不计算损失。在我们完成整个游戏的所有动作后，我们在另一种模式下使用神经网络，这次我们给它一系列的行动和奖励，并要求它计算损失并执行反向传播。训练时，我们在某种意义上使用两种不同的方式计算行动。首先，我们向神经网络馈入所经历的状态，由策略计算层计算每个状态的行动概率。其次，我们将行动作为 placeholder 直接输入。这是因为在游戏模式中决定行动时，我们不一定选择概率最高的行动，而是根据行动概率随机选择。为了根据式（6.12）计算损失，我们两种模式都需要。

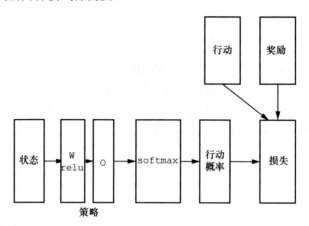

图 6.9　REINFORCE 的深度学习架构，其中 W 和 O 为线性单元

图 6.10 是使用式（6.12）的损失函数创建策略梯度神经网络的 TF 代码，图 6.11 是使用神经网络在游戏环境中学习策略并行动的伪代码。首先观察伪代码，请注意，最外面的循环（第 2 行）指明我们玩 3,001 次游戏。内循环（2(b)行）表明一直玩游戏直到 step 告诉我们已经完成游戏（E 行）或者移动了 999 次后结束。我们根据神经网络（第 i、ii 行）得出的概率随机选择一个行动，然后在游戏中执行该行动。我们在列表 hist 中保存结果，以便记录所发生的事情。如果行动导致达到了最终状态，那么我们更新模型参数。

```
state= tf.placeholder(shape=[None,4],dtype=tf.float32)
W =tf.Variable(tf.random_uniform([4,8],dtype=tf.float32))
hidden= tf.nn.relu(tf.matmul(state,W))
O= tf.Variable(tf.random_uniform([8,2],dtype=tf.float32))
output= tf.nn.softmax(tf.matmul(hidden,O))

rewards = tf.placeholder(shape=[None],dtype=tf.float32)
actions = tf.placeholder(shape=[None],dtype=tf.int32)
indices = tf.range(0, tf.shape(output)[0] * 2 + actions
actProbs = tf.gather(tf.reshape(output, [-1]), indices)
aloss = -tf.reduce_mean(tf.log(actProbs)*rewards)
trainOp= tf.train.AdamOptimizer(.01).minimize(aloss)
```

图 6.10　车杆问题中，策略梯度神经网络的 TF 图指令

如图 6.10 所示，我们通过如下过程计算 output：获取当前状态值 state 并使其通过两层神经网络，其中神经网络的两层线性单元为 W 和 O（由 tf.relu 分开），然后输入 softmax，将 logit 转换为概率。正如以前所使用的多层神经网络，其第一层的维度为[输入尺寸，隐藏层尺寸]，第二层维度为[隐藏层尺寸，输出尺寸]，其中隐藏层尺寸（hidden-size）是超参数（我们选择了 8）。

因为在这里我们设计了一个新的损失函数，而没有使用 TF 库中的标准函数，所以损失计算必须基于更基本的 TF 函数建立（图 6.10 的后半部分）。例如，我们以前使用的所有神经网络中，前向传递和后向传递是密不可分的，因为不涉及 TF 之外的计算。这里我们从外部获得 rewards 的值——rewards 是一个 placeholder，根据图 6.11 中的行 A、B 和 C 输入。同样，actions 也是一个 placeholder。

```
1. totRs=[ ]
2. for i in range(3001)
   (a) st=reset game
   (b) for j in range(999)
       i. actDist=sess.run(output, feed_dict=state:[st])
       ii. 根据 actDist 随机选取行动
       iii. st1,r,dn,_ =game.step(act)
       iv. 将 st、a、r 记录在 hist 中
       v. st=st1
       vi. if dn
           A. disRs=[D_i(states, actions from hist) |i=0 to j-1]
           B. 使用 hist 和 disRs 中保存的列表创建 feed_dict：states=st from hist, actions=
              a from hist, rewards=disRs
           C. sess.run(trainOp,feed_dict=feed_dict)
           D. 向 totRs 的结尾添加 j
           E. break
       vii. if i%100=0: 打印 totRs 中最后 100 个条目的平均值
```

图 6.11　车杆问题中，策略梯度训练神经网络的伪代码

图 6.10 的最后三行看起来更加熟悉。aloss 计算式（6.12）中的量。我们使用了 Adam 优化器。我们可以使用熟悉的梯度下降优化器，只需将它代入，再将学习率提高一倍，就可以获得还不错的性能，但没有那么好。Adam 优化器是公认的高级优化器，它比梯度下降优化器稍微复杂一点。这两个优化器有几个方面不同，最根本的不同是动量（momentum）的使用。顾名思义，如果一个使用动量的优化器从最近开始一直在向上或向下移动一个参数值，那么它往往会持续地向上或向下移动一个参数值——比梯度下降移动得更多。

接下来讨论图 6.10 的另外两行代码，它们分别设置 indices 和 actProbs。首先，忽略它们的工作方式，专注于它们需要做的事情，即图 6.12 所示的转换。左边是一个前向传递的输出，可以计算可能的行动（r 和 l）各自是最优行动的概率。如果是第 1 章，并且我们使用全监督，我们会将它乘以一个批大小的独热向量的张量，根据全监督得到我们应该采取的行动的概率。事实上，这正是图 6.12 右边显示的。

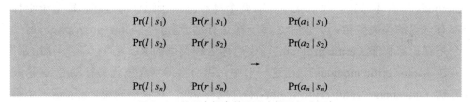

$$
\begin{array}{ccc}
\Pr(l\,|\,s_1) & \Pr(r\,|\,s_1) & \Pr(a_1\,|\,s_1) \\
\Pr(l\,|\,s_2) & \Pr(r\,|\,s_2) & \Pr(a_2\,|\,s_2) \\
& \longrightarrow & \\
\Pr(l\,|\,s_n) & \Pr(r\,|\,s_n) & \Pr(a_n\,|\,s_n)
\end{array}
$$

图 6.12 从所有概率的张量中提取行动概率

我们依赖于 gather 操作实现这个转换，而 gather 接收两个参数，取出由数字索引指定的张量元素，并将它们放在一个新的张量中。

```
tf.gather(tensor, indices)
```

例如，如果 tensor 是((1,3),(4,6),(2,1),(3,3))，indices 是(3,1,3)，那么输出是((3,3),(4,6),(3,3))。在本例中，我们将图 6.12 中左边的行动概率矩阵转换成一个概率向量，并根据前一行代码将 indices 设置为正确列表，因此 tf.gather 只收集 actions 向量指定的行动的概率。证明 indices 设置正确是留给读者的练习（练习 6.5）。

可以回顾前文，更仔细地查看 Q 学习和 REINFORCE 是如何联系在一起的。首先，它们收集环境信息以通知神经网络的方式不同。一方面，Q 学习移动一步，然后观察神经网络对结果的预测是否接近实际发生的情况。回顾式（6.8），即 Q 学习损失函数，可以发现如果预测和实际结果相同，那么就没有什么可更新的了。另一方面，使用 REINFORCE 时，我们在改变任何神经网络参数之前要完成一回合游戏，其中回合是指游戏从初始状态直到游戏发出结束的信号完整运行一次。请注意，我们做的和 Q 学习类似，但是使用 REINFORCE 的参数更新策略。这减慢了学习速度，因为我们更新参数的次数要少得多，但是作为补偿，我们会做出更好的改变，因为我们计算了实际的折扣奖励。

6.5　行动者-评论家方法

刚刚探讨了 Q 学习和 REINFORCE 之间的区别，我们现在集中讨论其相似之处。在这两种情况下，神经网络要么计算一个策略，要么在 Q 学习中计算一个函数，这个函数可以用来创建一个策略（因为任意状态 s 总是采取最大化 $Q(s,a)$ 的动作 a）。因此，在这两种情况下，神经网络都是逼近一个单一函数，一个告诉我们如何行动的函数。我们称这种 RL 程序为行动者方法（actor methods）。在本节中，我们使用具有两个神经网络子组件的程序，每个子组件都有自己的损失函数：一个和之前一样是行动者程序（actor program），另一个是评论家程序（critic program），我们称这种类型的 RL 为"行动者-评论家"方法（actor-critic methods）。在这一节中，我们将特别介绍优势行动者-评论家方法（advantage actor-critic methods），或称 a2c。对我们来说，a2c 是一个很好的选择，因为（a）它工作得很好，（b）我们可以从 REINFORCE 开始逐步地改进它。我们首先介绍第一个改进版本（增量），即 a2c-，并再次将它应用于车杆游戏。

这种方法被称为优势行动者-评论家方法，是因为它使用了"优势"（advantage）这一概念。状态-行动对的优势是状态-行动的 Q 值和状态值之间的差异：

$$A(s,a) = Q(s,a) - V(s) \tag{6.13}$$

直观上，我们期望优势是负数，因为例如在值迭代中，我们通过对可能的行动使用 $\underset{a}{\mathrm{argmax}}$ 来计算 $V(s)$。对于好的行动，A 较大（负数的绝对值较小），所以 A 可以衡量一个行动在特定状态下与所有状态相比有多好。

接下来，我们对从探索开始到结束游戏的一系列行动引发的 a2c 损失做出如下定义：

$$L_A(s,a) = \sum_{t=0}^{n-1}(A_t(s,a)(-\log \Pr(a_t \mid s_t))) \tag{6.14}$$

这非常接近式（6.12）的 REINFORCE 损失，但是我们用 $A_t(s,a)$ 代替了折扣奖励 $D_t(s,a)$。我们称这种损失为 L_A，以区别于 a2c 的总损失。如下所述，a2c 总损失还包括与评论家有关的第二种损失 L_C。

我们记得 REINFORCE 的损失意味着鼓励高奖励行动。现在，我们鼓励比同一状态下的其他行动表现得更好的行动。为什么它比直接鼓励高奖励行动更好呢？

答案与 $A(s,a)$ 的方差有关。如 2.4.3 小节所述，函数的方差是函数值与其平均值之差的平方的期望值。直观上看，这意味着变化很大的函数具有很高的方差，而且与 Q 相比，A 应该具有更低的方差。现在观察车杆游戏。假设与车杆移动的速度相比，游戏在向左或向右移动方面给出了合理的反应，向右移动一步和向左移动一步之间的差异将很小，因此在状态空间中，几乎所有的 A 都很小。将这与 Q 的值进行对比。经过 100 回合游戏学习后，车杆游戏在失败前平均移动 20 步，而一个中上的策略可以移动 200 步或更多步。

第二个事实是，在其他条件相同的情况下，逼近一个低方差的函数要比高方差的函数更容易一些。零方差的常函数是最简单的。因此，如果 A 更容易估计，那么就可以克服最大化 A 而不是直接最大化 Q 所带来的缺点。情况似乎就是这样。当然，此时我们并不知道如何计算 A，所以这是我们下一个讨论的重点。

在 REINFORCE 中，我们遵循基于当前策略的路径，直到游戏结束，并使用式（6.11）的折扣奖励 $D_t(s,a)$ 来估计 $Q(s,a)$。当计算 A 时（式（6.13）），我们也用这个值估计 Q 值。至于 $V(s)$，我们在神经网络中建立一个子网络来计算它。

图 6.13 给出了为 REINFORCE（图 6.10）加上的额外的 TF 网络构建代码。我们创建了一个两层全连接神经网络——v1Out 和 v2Out——来计算 V，即评论家值函数。经训练，该神经网络通过使用实际奖励和神经网络逼近的输出之间的差异的平方损失（cLoss）可以得到良好的 V 值估计。这里的行动者损失来自式（6.14），因此使用优势函数。这些相对较小的变化将 REINFORCE 转变成 a2c-。

```
V1 =tf.Variable(tf.random_normal([4,8],dtype=tf.float32,stddev=.1))
v1Out= tf.nn.relu(tf.matmul(state,V1))
V2 =tf.Variable(tf.random_normal([8,1],dtype=tf.float32,stddev=.1))
```

```
v2Out= tf.matmul(v1Out,V2)
advantage = rewards-v2Out
aLoss = -tr.reduce_mean(tf.log(actProbs) * advantage)
cLoss=tf.reduce_mean(tf.square(rewards-vOut))
loss=aLoss + cLoss
```

图 6.13   为转换成 a2c-,向图 6.10 和图 6.11 添加的 TF 代码

比起 a2c-,实际的 a2c 包含两个进一步的改进。REINFORCE（a2c-继承了它）的一个问题是,它需要整个游戏结束之后才能进行学习。在刚开始进行车杆游戏的时候,游戏只能持续 10～20 步,这并不是很大的限制。但最终 REINFORCE 游戏会有一两百步长,a2c-游戏更长。a2c 可以通过更早、更频繁地更新模型参数来改进这一点。

诀窍是每 50（一个超参数）个行动暂停游戏执行,以更新模型参数。我们不能在 REINFORCE 中这样做。毕竟,关注整个游戏行动的价值是为了对我们已执行的行动获得一个良好的 Q 值估计。但是 a2c 允许我们简单地将（a）我们在过去 50 次移动中积累的实际奖励和（b）我们最终所处状态的 V 值相加来进行估计。然后我们将 hist 归零,第 51 次移动从零开始重启,在 50 次移动后再重复一次。（再极端一些,这也可以将 a2c 从 REINFORCE 的要求中解除出来,即只能用于有明确重启的游戏。）

a2c 的第二个改进是多种环境的使用。我们早先注意到运行一批训练样本是有利的,因为它能更好地利用快速矩阵乘法能力。在计算下一个游戏行动时,一次只玩一个游戏与运行批样本相悖。从这方面来说,玩多个游戏相当于批处理样本。

6.6   经验回放

我们之前提到,神经网络重生的主要催化剂之一是 DeepMind 制作的程序的成功,该程序可以以专家级水准玩多个雅达利游戏。该程序使用的神经网络技术被称为 DQN（Deep Q Network,深度 Q 网络）。这个特殊的 RL 方案已经大部分被行动者-评论家方法所取代,但是与后者相比,这个技术也引入了一些改进,这些改进与行动者-评论家方法对于行动者方法的改进并不相关。一个特别的优点是经验回放。

　　RL 是自动驾驶汽车当前发展的一个重要组成部分。RL 在该领域应用上的一个大问题是训练数据的获取。目前 RL 需要大量训练数据，而与计算机模拟相比，汽车在现实世界中尤其是在高速路和街道上的行进非常缓慢。事实上，如果你开始为 Open AI Gym 的游戏计时，即使是电脑模拟也可能很慢——花在 RL 上的很大一部分时间是用于游戏的执行。如果我们能加速这个世界，就可以学得更快，但我们不能。

　　在经验回放中，我们多次使用相同的训练数据，这在 Open AI Gym 环境下解释较为简单。回到 REINFORCE，当我们玩游戏的时候，我们用一个变量 hist 来记录玩游戏的历史——我们占据的每个状态、我们采取的行动、我们最终进入的状态以及得到的奖励。我们在游戏结束时需要这个变量来计算 D_t，但是计算完之后就可以丢弃历史。对于经验回放，每个时间 t 我们保存 (s_t, a_t, s_{t+1}, D_t)，有了这些数字，我们可以对数据再一次进行前向传递和后向传递，从中获得更多的"信息"。经验回放还有第二个好处：我们可以玩游戏，然后将时间步（time step）按随机的顺序重玩。你可能还记得 1.6 节中提到的独立同分布（iid）假设，如果训练样本从一开始就相互关联，RL 会导致灾难性结果。从几个不同的游戏回合中随机采样行动可以大大减轻这个问题。

　　当然，我们需要付出代价。一个旧的训练样本没有新的样本信息量大，此外，数据可能有些过时。假设我们获取了训练早期的数据，那时我们还不知道当车杆向右过于倾斜的时候不要向左移动。假设从那以后我们学得更好，这意味着当目前的策略不允许我们到达状态 s_{old} 时，我们重新学习旧数据在 s_{old} 上做什么是无用的。所以，我们改为采取以下方式：保留 50 个游戏回合的缓冲区，对应于 5,000 个状态-行动-状态-奖励四元组（我们在失败前平均移动了 100 次）。现在我们随机选择 400 个状态进行训练，然后，我们使用基于最新参数的新策略，用玩过的新游戏替换缓冲区中最旧的游戏。

6.7　参考文献和补充阅读

　　强化学习早在深度学习出现之前就有了丰富的理论和实践，深度学习也未能取而代之。毕竟，RL 的主要问题是当你只有关于哪些行动是好是坏的间接信息时要如何学习，而深度学习只是将这个问题转化为如何定义损失函数，它并没有触及解决方法的本质。Richard Sutton 和 Andrew Barto 撰写了 RL 的经典教材[SB98]，我本人很大程度上是依靠 Kaelbling 等人的早期论文[KLM96]准备了本章介绍的深度学习之前的算法。

针对"后深度学习",我在学习强化学习的早期偶然发现了 Arthur Juliani 的博客。如果你去看他的博客,特别是第 0 章[Jul16a]和第 2 章[Jul16b],你会发现我对车杆游戏和 REINFORCE 的陈述受他的影响很大,他的代码是我学习的起点。此外,最初关于 REINFORCE 的论文是由 Ronald Williams 撰写的[Wil92]。

a2c 强化学习算法是作为异步优势行动者-评论家(asynchronous advantage actor-critic,简称 a3c)算法的变体提出的。我们在 6.5 节提到了为了更好地利用矩阵乘法在软件和硬件上的计算优势,a2c 允许使用多个环境。在 a3c 中,这些环境是异步评估的,可能是为了更好地混合学习者观察到的状态-行动组合[MBM+16]。此文章还提出了 a2c 算法(作为 a3c 算法的子组件),最终 a2c 被证明同样有效,而且简单得多。

6.8 习题

练习 6.1 证明图 6.3 右侧的 V 表给出的第二遍值迭代后状态值是正确的(两位有效数字)。

练习 6.2 式(6.5)有一个参数 α,但是图 6.6 和图 6.7 的 TF 实现中似乎没有提到 α。解释它"隐藏"在哪里以及我们对其的赋值。

练习 6.3 假设在车杆游戏的 REINFORCE 算法的训练阶段,只需要三个行动 (l, l, r) 就可以到达终点,并且 $\Pr(l \mid s_1) = 0.2$,$\Pr(l \mid s_2) = 0.3$,$\Pr(r \mid s_3) = 0.9$。计算 output、actions、indices 和 actProbs 的值。

练习 6.4 在 REINFORCE 算法中,我们选择行动,从车杆游戏开始直到杆顶翻转或推车出界,这些在不更新参数的前提下进行。我们首先保存这些行动,并且之后会重新遍历整个场景,而这次需要计算损失和更新参数。请注意,理论上如果保存了行动和它们的 softmax 概率,那么我们就可以计算损失,且不需要再次进行损失函数之前的所有计算。解释为什么这不起作用——为什么没有重复的计算,REINFORCE 就学不到任何东西。

练习 6.5 当给定两个参数,用 TF 函数 tf.range 创建一个整数向量,从 start 开始到 limit(但不包括)。

```
tf.range(start, limit)
```

　　除非设置了命名变量 delta，否则整数相差 1。因此，图 6.10 使用它而产生了 0 到批大小范围内的整数列表。解释它们如何与下一行 TF 代码相结合以完成图 6.12 中的转换。

第7章

无监督神经网络模型

从以 Mnist 为例的监督学习问题到 seq2seq 学习和强化学习的弱监督学习问题，本书按照这一脉络逐渐展开。根据前述内容，本书的数字识别是全监督问题，因为每个训练样本都有一个正确答案。而本书的强化学习例子使用的是不带标签的训练样本。我们从 Open AI Gym 中获得的奖励能指导学习过程，这是一种弱标签形式。在本章中，我们将讨论无监督学习。在这种学习中，我们没有标签或其他形式的监督，只从数据本身学习数据的结构。我们将特别关注自编码器（Autoencoder，缩写为 AE）和生成式对抗网络（Generative Adversarial Network，缩写为 GAN）。

7.1　基本自编码

自编码器是一种函数，在正确运行的前提下，其输出几乎与输入相同。对我们来说，这个函数是一个神经网络。为了让这个函数不是简单复制，我们会设置障碍，最常见的方式是降维。图 7.1 显示了一个简单两层 AE。输入（例如一个 28×28 像素的 Mnist 图像）通过了一层线性单元，被转换成中间向量，该中间向量的维度显著小于原始输入，例如，256 相对于 784。然后，这个向量通过第二层，目标是使第二层的输出与第一层的输入相同。推理得到，中间层的维度与输入相比在一定程度上减小了，这样神经网络就在中间层编码了 Mnist 图像结构的信息。更为抽象地说，这个过程为

输入→编码器→隐藏层→解码器→输出

其中编码器看起来像任务导向型的神经网络，而解码器则像反向的编码器。编码过程也称为下采样（downsampling，因为它缩减了图像大小），而解码过程称为上采样（upsampling）。

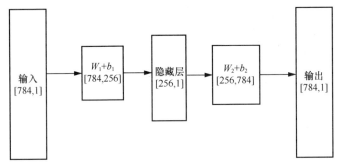

图 7.1 一个简单双层 AE

我们关注 AE 有几个原因。一个是理论上的原因，或者说是心理层面的原因。在学校之外，人们很少通过监督方式学习，当我们进入学校时，我们已经学会了最重要的技能：视觉、口语、运动，以及最基本的技能——规划。这可能只有通过无监督学习才能习得。

一个更实际的原因是预训练（pre-training）或联合训练（co-training）的使用。有标签的训练数据往往是很短缺的，并且模型使用的参数越多，它的性能越好。预训练是先在相关任务中训练模型参数，然后用于主训练过程的初始化，而不是使用随机初始化的方式。联合训练的工作方式也基本相同，只是训练和预训练同时进行。也就是说，神经网络模型有两个损失函数，它们相加得到总损失。这两个损失函数中，一个是"真正"的损失，它最大限度地减少了我们想要解决的问题中的错误数量；另一个是相关问题的损失，这个相关问题可能只是重新生成我们正在使用的部分或全部数据，即一个自编码问题。

研究自编码的第三个原因是一种叫作变分自编码器（variational autoencoder）的变体。它们和标准自编码器相似，只是它们返回与训练图像风格一样的随机图像。视频游戏设计者可能会让游戏动作发生在一个城市，但不会花时间设计几百栋不同的建筑物来作为游戏环境。如今，好的变分自编码器可以完成这项任务。从长远来看，有可能出现更好的变分自编码器，能写出像海明威或你喜欢的侦探系列那样的新小说。

我们从基本的自编码开始，简单地重建输入（Mnist 数字）。图 7.2 显示了当输入是第 1 章中的数字 7 的图像时，四层 AE 的输出。自编码器可以表示为以下公式。

$$h = S(S(xE_1 + e_1)E_2 + e_2) \tag{7.1}$$

$$o = S(hD_1 + d_1)D_2 + d_2 \tag{7.2}$$

$$L = \sum_{i=1}^{n} (x_i - o_i)^2 \tag{7.3}$$

我们有两个全连接编码层，第一层权重为 E_1、e_1，第二层权重为 E_2、e_2。如图 7.2 所示，数字 7 图像重建之后，第一层的形状为[784,256]，第二层为[256,128]，因此最终图像大小为 128 像素，也就是说，它类似于高度和宽度都等于 $\sqrt{128}$ 的图像。因为我们试图预测的是像素值，而不是类别，所以使用式（7.3）所示的平方误差损失。我们用 sigmoid 函数 S 作为非线性函数。

	7	8	9	10	11	12	13	14	15	16	17	18	19	20
0	0	0	0	0	0	0	0	0	0	0	0	0	0	0
1	0	0	0	0	0	0	0	0	0	0	0	0	0	0
2	0	0	0	0	0	0	0	0	0	0	0	0	0	0
3	0	0	0	0	0	0	0	0	0	0	0	0	0	0
4	0	0	0	0	0	0	0	0	0	0	0	0	0	0
5	0	0	0	0	0	0	0	0	0	0	0	0	0	0
6	3	14	15	1	0	0	0	0	0	0	0	0	0	0
7	187	221	205	151	74	11	1	0	0	2	8	23	55	69
8	237	249	251	250	249	239	221	225	197	214	216	236	237	228
9	92	194	232	219	217	225	245	251	251	249	241	237	249	250
10	1	8	7	17	31	49	100	126	106	45	37	81	242	251
11	0	0	0	0	1	9	13	7	2	0	1	43	239	247
12	0	0	0	0	0	2	2	0	0	0	2	151	247	215
13	0	0	0	0	0	0	0	0	1	32	61	246	248	57
14	0	0	0	0	0	0	0	0	1	32	207	253	185	10
15	0	0	0	0	0	0	0	0	9	176	251	237	31	1
16	0	0	0	0	0	0	0	0	47	237	252	67	2	0
17	0	0	0	0	1	0	1	9	171	249	237	9	0	0
18	0	0	2	7	1	1	5	100	243	251	138	1	0	0
19	0	0	0	2	1	0	19	217	253	222	19	0	0	0
20	0	0	0	0	0	2	107	246	241	44	1	0	0	0
21	0	0	0	0	1	48	220	247	168	4	0	0	0	0
22	0	0	0	0	18	196	251	233	42	0	0	0	0	0
23	0	0	0	1	98	249	250	140	2	0	0	0	0	0
24	0	0	0	14	237	254	242	40	0	0	0	0	0	0
25	0	0	5	116	252	254	205	8	0	0	0	0	0	0
26	0	0	16	158	253	249	56	4	2	0	1	0	0	0
27	0	0	0	0	2	1	0	0	0	0	0	0	0	0

图 7.2　图 1.1 中 Mnist 测试样本的重建

为什么我们使用 sigmoid 函数，而不是我们几乎作为标准激活函数使用的 relu？因为到目前为止，我们都不太关注通过网络传递的实际值，最终这些值都会通过 softmax 函数，通常最后为原值的相对值。相比之下，AE 将输入的绝对值与输出的绝对值进行比较。你可能记得，在讨论 Mnist 图像的数据规范化时（1.4 节），我们将原始像素值除以 255，将它们的值规范化至(0, 1)区间。正如图 2.7 所示，sigmoid 函数的范围是(0, 1)。由于这与像素值的范围完全匹配，意味着神经网络不必学习如何将值放入该范围内——该范围是"内置的"。由于 relu 只有下限，没有上限，因此，比起 relu，使用 sigmoid 函数学习产生这些值更为容易。

由于自编码器有多个非常相似的层（在本例中，它们都是全连接层），所以 2.4.4 节讨论的 layers 模块在这里特别有用。请特别注意，式（7.1）～式（7.3）

中列出的模型可以简洁地编码为

```
E1=layers.fully connected(img,256,tf.sigmoid)
E2=layers.fully connected(E1,128,tf.sigmoid)
D2=layers.fully connected(E2,256,tf.sigmoid)
D1=layers.fully connected(D2,784,tf.softmax)
```

其中，我们假设输入的图像 img 是大小为 784 的水平向量。

　　防止自编码器简单地复制输入到输出的另一种方法是增加噪声。这里的“噪声”在技术上是指破坏原始图像的随机事件，在这种语境下，原始图像被称为“信号”。在去噪自编码器（de-noising autoencoder）中，我们以随机将像素置零的方式给图像添加噪声，通常，可以通过这种方式对大约 50% 的像素进行置零。这时的 AE 损失函数也是平方误差损失，该损失根据未损坏图像像素和解码器输出图像像素进行计算。

7.2　卷积自编码

　　7.1 节为 Mnist 图像建立了一个 AE，使用一个编码器将 784 像素的原始图像缩小至 256，再缩小到 128。做完这些之后，解码器又颠倒了这个过程，首先将图像从 128 像素扩展至 256，然后再扩展到 784 像素。这一系列过程都是通过全连接层完成的。编码器前后两个权重矩阵形状分别为[784,256]和[256,128]，而解码器权重矩阵形状分别为[128,256]和[256,784]。然而，正如我们早期在计算机视觉领域对深度学习的探索中所了解到的那样，最好的结果来自卷积的使用。所以在这一节中，我们使用卷积方法建立 AE。

　　使用卷积编码器缩小图像尺寸是不成问题的。在第 3 章中我们讲过水平和垂直两个步长是如何在每个维度上将图像尺寸缩小一半的。在第 3 章中，我们并不关注压缩图像，所以算上通道大小（即我们对每个图像块应用了多少个滤波器），实际上相较于开始，在卷积过程结束时描述图像使用的数更多（7 乘 7 的图像乘 32 个不同的滤波器得到 1568 个数字）。这里，我们肯定希望编码器的中间层的值比原始图像少得多，所以假如我们做三个卷积层，通过第一层我们得到 14×14×10，第二层得到 7×7×10，第三层得到 4×4×10（这些确切的数字是超参数）。

　　使用卷积解码就不那么明显了。卷积从来不会增加图像尺寸，所以对图像进行上采样不能直接通过卷积进行。解决方法是在我们用一组滤波器卷积输入图像之前，先对图像进行扩展。在图 7.3 中，我们设想了 AE 的隐藏层是 4×4 图像的情况，并希望将其扩展为 8×8 的图像。我们用足够的零包围每个“实际”像素以创建一个 8×8 图像（图中实际像素值仅是举例说明）。这需要在每个实际像素值的左边、左斜对角和上面加上零。通过添加足够多的零，我们可以将图像扩展到我们想要的任意大小。然后，如果我们用 conv2d、步长为 1 和 Same 填充来卷积这个新图像，最终可以得到一个新的 8×8 图像。

1	2	3	4
4	3	2	1
2	1	4	3
3	4	1	2

→

0	0	0	0	0	0	0	0
0	1	0	2	0	3	0	4
0	0	0	0	0	0	0	0
0	4	0	3	0	2	0	1
0	0	0	0	0	0	0	0
0	2	0	1	0	4	0	3
0	0	0	0	0	0	0	0
0	3	0	4	0	1	0	2

图 7.3 为达到在卷积 AE 中解码的目的，进行图像填充

于是我们得到了一个大小合适的图像，但是它有合理的值吗？为了解释这一点，图 7.4 给出了 TF 代码来说明使用卷积的上采样。我们首先对 Mnist 图像进行下采样，然后使用卷积进行上采样。下采样分两步完成。

```
smallI=tf.nn.max pool(I,[1,2,2,1],[1,2,2,1],"SAME")
smallerI=tf.nn.max pool(smallI,[1,2,2,1],[1,2,2,1],"SAME")
```

第一个命令创建一个 14×14 的图像版本，将每个独立 2×2 原始图像块用该区块中的最高像素值代替。具体参见图 7.5 中的左侧图像，即“7”的 14×14 图像样本。第二个命令创建一个 7×7 版本。图 7.4 接下来的两行（feat、recon）创建 recon，即一个 7×7 图像经上采样重建回到 14×14 大小，如图 7.5 的右侧图像所示。图 7.4 没有说明我们如何使用卷积上采样，这意味着它遵循卷积下采样的方式。我们从一个易于理解的图像开始，这样我们就能清楚地看到发生了什么。从图 7.5 中我们可以看出，虽然重建并不完美，但基本上起作用了（为了使数字 7 的轮廓更清晰，在图中我们用空格代替零）。

图 7.4 的关键行是调用 conv2d_transpose 的行。正如我们刚才提到的，常见的情况是使用 conv2d_transpose 来“撤销”标准 conv2d 的操作，标准 conv2d 的操作如下所示。

```
tf.nn.conv2d(img,feat,[1,2,2,1],"SAME")
```

```
mnist = input_data.read_data_sets("MNIST_data")

orgI = tf.placeholder(tf.float32, shape=[None, 784])
I = tf.reshape(orgI, [-1,28,28,1])
smallI = tf.nn.max_pool(I,[1,2,2,1],[1,2,2,1],"SAME")
smallerI = tf.nn.max_pool(smallI,[1,2,2,1],[1,2,2,1],"SAME")
feat = tf.Variable(tf.random_normal([2,2,1,1],stddev=.1))
recon = tf.nn.conv2d_transpose(smallerI, feat,[100,14,14,1],
                                          [1,2,2,1],"SAME")
loss = tf.reduce_sum(tf.square(recon-smallI))
trainop = tf.train.AdamOptimizer(.0003).minimize(loss)

sess = tf.Session()
sess.run(tf.global_variables_initializer())

for i in range(8001):
    batch = mnist.train.next_batch(100)
    fd={orgI:batch[0]}
    oo,ls,ii,_ =sess.run([smallI,loss,recon,trainop],fd)
```

图 7.4 在 Mnist 数字上的转置卷积

										6	6	2	2	5	5	6	6
	9	9		4	5	9	9			5	6	2	2	5	5	5	6
9	9	9	9	9	9	9	9	6	6	6	6	6	6	6	6	6	6
9	9	9	9	9	9	9	7	5	6	5	6	5	6	5	6	5	6
8	8			9	9	9		5	5	5	6	6	6	6	6		
				9	9	5		5	5	5	5	5	6	5	6		
			6	9	9							6	6	6	6		
			8	9	9							5	6	5	6		
			9	9	7					1	1	6	6	4	4		
		1	9	9	1					1	1	5	6	4	4		
		4	9	9						2	2	6	6				
		1	9	4						2	2	5	6				

图 7.5 Mnist 数字 7 的 14×14 图像，以及由 7×7 重建后得到的图像

这里对 conv2d 的调用对图像进行下采样，而 conv2d_transpose 可以对图像上采样。如果我们忽略 conv2d_transpose 的第三个参数，那么可以说这两个函数的参数是完全相同的，然而，参数的含义并不都相同。诚然，在这两个函数中，第一个参数都是要处理的 4D 张量，第二个参数是要使用的卷积滤波器

组。但是不管步长和填充参数的指令是什么，conv2d_transpose 都将使用大小为 1 的步长和 Same 填充。使用步长和填充这些参数的目的是确定如何添加所有额外的零，如图 7.3 所示。例如，为了消除步长为 2 导致的收缩，我们希望在每一个真实像素周围填充三个额外的零像素，如图 7.3 所示。

不幸的是，仅仅根据这些信息不可能完全确定 conv2d_transpose 的输出图像大小，因此，conv2d_transpose 的第三个参数是所需输出图像的大小。在图 7.4 中，这个大小是[100, 14, 14, 1]。100 是批大小，两个 14 代表我们想要一个 14×14 的输出图像，1 是指只有一个通道。这里，在使用 Same 填充的前提下，使用步长大于 1 的参数会导致歧义。例如，设想有两幅图像，一幅为 7×7，一幅为 8×8，如果我们使用步长为 2 和 Same 填充进行卷积，我们最终都得到大小为 4 的图像。因此，在进行反向操作时，如果 conv2d_transpose 使用步长为 2 和 Same 填充，它无法知晓用户想要的是哪一幅输出图像。

在谈到转置卷积时，我们专注于确保填充输入的方式可以获得期望的上采样效果，并不关心滤波器如何操作这项任务，事实上，在训练开始时，它们没有进行操作。图 7.6 显示了第 0 个训练样本中的上采样图像，图中最明显的效果是 0 和 −1 的交替，这无疑是图像输入 conv2d_transpose 后，其中的零填充值和非零实际像素值的交替引起的假象。有一个数学理论可以描述转置卷积如何找到正确的卷积核值，但是基于我们的目的，我们只需要知道可变核值和反向传播能为我们做到这一点。

0	0	0	0	1	−1	1	−1	1	−1
0	0	0	0	−1	0	−1	0	−1	0
0	−1	1	−1	1	−1	0	−1	0	0
−1	0	−1	0	−1	0	−1	0	0	0
0	0	1	−1	1	−1	1	−1	0	−1
0	0	−1	0	−1	0	−1	0	−1	0
0	−1	0	−1	0	0	1	−1	1	−1
−1	0	−1	0	−1	0	−1	0	0	0
1	−1	1	−1	1	−1	1	−1	0	0
−1	0	−1	0	−1	0	−1	0	0	0
0	0	0	0	0	0	0	0	0	0
0	0	0	0	0	0	0	0	0	0

图 7.6 第 0 个训练样本，Mnist 数字上采样后的结果

使用 conv2d_transpose 进行自编码，和全连接自编码完全相似。我们有一个或多个使用 conv2d（也可能使用 max_pool 或 avg_pool）的下采样层，之后紧跟着使用 conv2d_transpose 上采样层。通常，上采样层的层数与下采样层数相同。

7.3 变分自编码

变分自编码器（Variational Autoencoder，简称为 VAE）是 AE 的一种变体，其目标不是精确再现我们输入的图像，而是创建一个新图像，该图像和输入属于同一类图像，但可识别为新图像。它的名字来自变分方法，这是贝叶斯机器学习的一个主题。这里，我们再次使用 Mnist 数据集。我们的 VAE 最初目标是输入一个 Mnist 数字图像并输出一幅相似但不同的新图像。

如果我们不在乎新图像是否有明显的不同，那么标准的自编码就能解决这个问题。回看图 7.2，AE 对本书开头的"7"（图 1.1）进行了重建。当时，我们为它们的相似性感到自豪，但它们其实并不相同。它们非常接近，如果我们用灰度打印这个较新的版本，会很难将它与图 1.2 区分开来。此外，思考一下就会发现，一个使用平方误差损失的标准 AE 并不是我们真正想要的。观察图 7.7 中的三幅 7×7 图像，顶部是数字 1 的一个小图像，另外两个是它的重建图像。左下角看起来与原始图像相似，但是因为数字 1 移动了两个像素，所以没有重叠的值，与图 7.7 的顶部图像相比，它的均方误差为 10。此外，根据我们的损失函数，右下角的图像与原始图像更相似，因为它只有两个像素不同。所以，标准的自编码和平方误差损失并不适合我们的任务。然而，我们暂时把这一反对意见搁置一边，以便专注于讨论 VAE 是如何工作的。稍后我们再来讨论这个问题，并展示 VAE 是如何解决这个问题的。

我们深入探讨"幕后"发生了什么。我们将一幅图像以及一个随机向量输入程序，这些随机数可以控制原始图像和新图像的差异。使用相同的图像和随机数作为输入，我们将得到完全相同的输入图像变体。然后，我们考虑省略图像的情况。在这种情况下，我们得到的不是特定图像的变体，而是一幅融汇了所有图像风格的全新图像。通常它看起来像是某个可能的数字，这取决于 VAE 的性能。如果你跳到图 7.10，可以看到一些例子。

```
            0  0  0  0  0  0  0
            0  0  1  0  0  0  0
            0  0  1  0  0  0  0
            0  0  1  0  0  0  0
            0  0  1  0  0  0  0
            0  0  1  0  0  0  0
            0  0  0  0  0  0  0

0  0  0  0  0  0  0      0  0  0  0  0  0  0
0  0  0  0  1  0  0      0  0  1  0  0  0  0
0  0  0  0  1  0  0      0  0  0  0  0  0  0
0  0  0  0  1  0  0      0  0  0  0  0  0  0
0  0  0  0  1  0  0      0  0  1  0  0  0  0
0  0  0  0  1  0  0      0  0  1  0  0  0  0
0  0  0  0  0  0  0      0  0  0  0  0  0  0
```

图 7.7 原始图像和两个"重建"图像

VAE 架构如图 7.8 所示。图像从示意图底部输入，通过编码器进行计算。接着编码信息被用于创建两个实数向量 σ 和 μ，而不是单个图像编码。然后，我们通过生成随机数向量 r 并计算 $\mu + \sigma r$ 以构造新的图像编码。在这里，可以认为 μ 是图像的原始编码版本，我们用 σr 修改它，以得到一个不同的编码，它与原始版本很接近，但不会过于相似。接下来这个修改后的编码通过标准解码器产生新的图像。如果我们正在使用这个程序（而不是在训练），这个新图像会输出给用户。如果我们正在训练，新图像将被输入"图像损失"层。图像损失只是原始图像和新图像像素值差异的平方损失，所以 VAE 输出图像变化的来源是 r。如果我们输入相同图像和相同的随机数向量，我们得到相同的输出图像。

换句话说，正如本章其他部分所言，μ 是输入图像的基本编码版本，而 σ 规定了合法界限，指定了可以在多大程度上改变输入图像，并且使它仍然是一个"可识别的"版本。记住，σ 和 μ 都是实数向量，比如说向量大小为 10。如果 $\mu[0] = 1.12$，这意味着编码图像的第一个实数是接近 1.12 的数字，并且由 $\sigma[0]$ 来控制在 1.12 周围的变化幅度。如果 $\sigma[0]$ 很大（并且我们的神经网络正在正常工作），这意味着可以大大改变编码图像的第一维，且不会使输出版本变得无法识别。如果 $\sigma[0]$ 很小，那么它就做不到这一点。

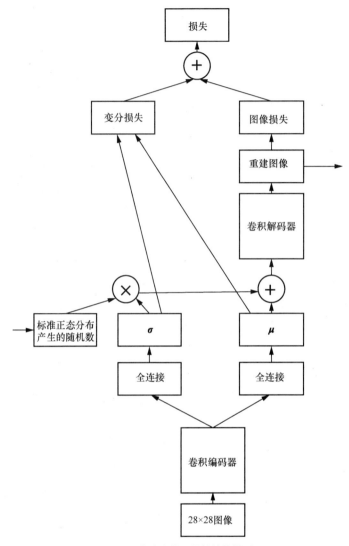

图 7.8 变分自编码器的结构模型

　　但是这里有一个大问题。我们假设从编码器得到的 σ 和μ会使μ+r×σ 成为合理的图像编码。但如果损失只是平方误差损失，我们就不能得到想要的结果。

　　这就是 VAE 转向深度数学的地方，但是接下来我们会对损失函数做一些半合理的改变，希望读者可以接受。VAE 有两个损失，它们相加得出总损失。其中一个损失是已经讨论过的原始图像和重建图像像素之间的平方误差损失，我们称其为图像损失。

第二个损失是变分损失：

$$L_v(\pmb{\mu}, \pmb{\sigma}) = -\sum_i \frac{1}{2}(1 + 2\sigma[i] - \mu[i]^2 - e^{2\sigma[i]}) \qquad (7.4)$$

这是针对单个样本的运算，它是 $\pmb{\sigma}$ 和 $\pmb{\mu}$ 的逐点运算（记住，它们都是向量）。为了让这个公式更容易理解，设想一下，如果我们先后将 $\pmb{\sigma}$ 和 $\pmb{\mu}$ 设为 0 会发生什么。

$$L_v(\pmb{\mu}, 0) = \pmb{\mu}^2 \qquad (7.5)$$

$$L_v(0, \pmb{\sigma}) = -\frac{1}{2} - \pmb{\sigma} + \frac{e^{2\sigma}}{2} \qquad (7.6)$$

从式（7.5）我们看到，神经网络被驱使着保持平均值 $\pmb{\mu}$=0。当然，图像损失会抵消相当一部分驱动力，但是如果其他条件都一样，L_v 希望 $\pmb{\mu} \approx 0$。

式（7.6）将 $\pmb{\sigma}$ 保持在 1 附近。当 $\pmb{\sigma}$ 小于 1 时，$L_v(0, \pmb{\sigma})$ 的第二项占主导地位，我们通过增加 $\pmb{\sigma}$ 来减少损失，而当 $\pmb{\sigma}$ 大于 1 时，第三项会迅速变大。

$\pmb{\mu}$ 和 $\pmb{\sigma}$ 看起来像一个标准正态分布的均值和方差，这并不是巧合。如果我们经过数学推算，就会理解（a）为什么让图像编码看起来更像标准正态分布是个好主意，（b）为什么最小的变分损失未必确切是在 $\pmb{\sigma} = 1$ 处。此处读者只需接受将第二个损失函数添加到整体计算中，可以给我们想要的结果：给定基于实际 Mnist 图像计算得到的多维 $\pmb{\sigma}$ 和 $\pmb{\mu}$，神经网络可以产生一个略微不同的新图像 I' 的编码。公式如下所示。

$$I' = \pmb{\mu} + \pmb{r}\pmb{\sigma} \qquad (7.7)$$

其中 $\pmb{r}$ 是随机数向量，它们是由标准正态分布产生的。一旦有了这个保证，我们就有了想要的 VAE。

回到前面提到的问题（7.3 节开头），即具有平方损失的标准 AE 并不真正符合我们为 VAE 设定的目标：生成明显不同，但又明显相似的图像版本。图 7.7 中的问题示例是数字 1 的两个假想重建图像，一个将图像水平平移了两个像素位置，另一个在垂直方向中间部分丢失了两个像素。根据平方误差损失，第二个重建比较接近原图像，但第一个 VAE 重建效果更好。我们认为如果 VAE 工作正常，它就能克服这个困难。

首先，请注意当训练 VAE 时，我们确实使用了平方误差损失，但就其本质而言，VAE 必须接受较大的平方误差损失，因为它们只能将原始图像重建到某种特意设计的随机性。接下来需要注意，这种随机性位于 VAE 架构中间部分的图像编码中，我们认为这是使 VAE 正常工作的最适合的地方。

在对 AE 的讨论中，我们观察到 AE 通过注意输入之间的共性来实现降维。为了获得共性，AE 调整编码，只"涉及"差异。假设 Mnist 数字在页面上的位置略有不同，这是合理的。利用这一事实使编码维度变小的一种方法是，让编码中的一个实数指定该数字整体的水平位置。（或许，在只有 20 个实数来编码数字 1 时，我们就不能承受使用其中一个来完成这个工作，而且 AE "认定"其他的变化更有利于图像的重建。这只是一个例子）。重点是，如果有一个实数对整体的水平位置进行编码，那么图 7.7 的左下角图像就非常接近上面的原始图像了——它只在一个编码位置上有所不同。

无论如何，VAE 是有用的。图 7.9 显示了 Mnist 数字 4 的原始图像和新版本图像。即使只看上几秒，也足以让你相信它们是不同的。此外，它们的不同之处对于 VAE（或者至少是效果不太好的 VAE）来说是非常典型的——右边的图像，即重建图像不会具有较多特点。你可以称右边是更普通的 4。最明显的不同是，左边 4（原始图像）在垂直笔划的底部有一个小钩，而右边图像则完全没有。

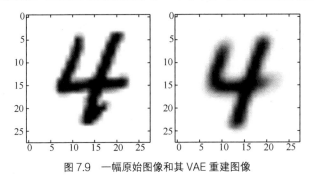

图 7.9 一幅原始图像和其 VAE 重建图像

到目前为止，我们讨论了生成一幅图像的问题，要求其与输入图像相似但又明显不同。然而，我们之前提到，VAE 也可以更自由地工作——给出一类图像，生成属于该类别的另一张图像。这个问题更难了，但是 VAE 几乎不需要改动。事实上，训练过程也是相同的，唯一的区别是我们如何使用 VAE。为了实现不基于已有图像生成一幅新图像，VAE 生成一个随机向量（同样来自标准正态分布），但这一次（通过 `feed_dict`）将该随机向量用作整个图像的编码。图 7.10 显示了一些结果示例，生成这些结果的程序也就是生成图 7.9 示例的程序，但是这一次没有给出要模仿的图像。其中有四幅图像可以辨认出是 Mnist 风格的数字，但是右下角的图像似乎是 "3" 又似乎是 "8"，而在它左边的这幅图像可能是个糟糕的 8。一个更强的模型、更多的训练轮数和对超参数的更多调整可能会产生更好的结果。

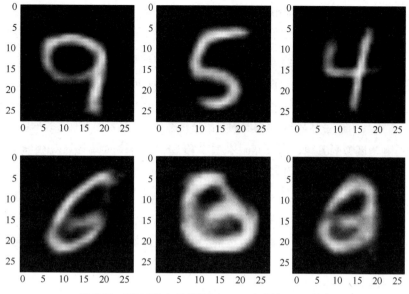

图 7.10　无图像输入的前提下，VAE 生成的 Mnist 数字

在结束讨论 VAE 之前，对那些想进一步理解式（7.4）变分损失的人，我再说几句。在原始公式中，我们在原始图像 I 的基础上生成一个新的图像 I'。为此，我们使用卷积编码器 C 生成一个降维表示 $z = C(I)$。这里我们主要关注两个概率分布，$\Pr(z|I)$ 和 $\Pr(z)$。我们首先假设它们都是正态分布。

如果你在读上一个句子的时候没有产生什么想法，那你可能并没有努力思考我所说的内容，也或者你比我聪明得多。我们怎么能假设真实世界的图像甚至 Mnist 数字这些复杂的事物分布是简单的正态分布呢？不可否认，它会是 n 维正态分布，其中 n 是由卷积编码器 C 产生的图像编码的维数。但即使是 n 维正态，也是非常简单的——一个二维正态分布是钟形曲线。

要牢记的关键一点是，$\Pr(z)$ 不是基于原始图像的概率分布，而是基于图像表示 $C(I)$。之前，如果我们有一个表示元素，用于捕捉数字中心距离图像中心有多远，那么图 7.7 上方的数字 "1" 对应的表示会与右下角版本非常相似。假设这个程序训练到了最后，这样表示向量中的每个参数都是一个这样的数字，就像上面所说的例子一样，每个数字描述了一幅数字图像与另一幅图像有所区别的基本方式。其他的例子可能是 "主要的向下笔画的位置" 或 "顶部圆的直径"（针对数字 8），等等。数字 8 顶部圆的直径通常是 12 个像素，但它也可能明显地更大或更小。在这种情况下，将该参数的变化描述为平均值为 12、标准差为 3 的正态分

布是很有意义的。对于 $\Pr(z|I)$ 来说，也同样推理为正态分布。给定一个图像，我们希望 VAE 生成许多相似但又不同的图像，其中任何一幅图像在关键因素上的概率都可以合理地呈正态分布，比如数字 8 的圆的直径这个关键因素。

在得到式（7.4）的变分损失之前还有很多步骤，但我们只解释其中的一两个步骤。我们进一步假设 $\Pr(z)$ 是一个标准正态分布——$\mu=0$、$\sigma=1$ 的正态分布——写作 $N(0,1)$。另一方面，我们假设编码器的输出是正态分布，其均值和标准差取决于图像本身，如 $N(\mu(I),\sigma(I))$。这解释了（a）为什么图 7.8 的编码器产出标签为μ和 σ 的两个值，（b）为什么我们根据一个标准正态分布产生数字以得到随机变化。

现在我们解释最后一步。一般来说，上面的假设——一个正态分布是标准正态而另一个不是标准正态，是不能满足的。更准确地说，我们尽量将两者的差异最小化。如果我们可以自由选择合适的μ和 σ，并且图像损失也朝这个方向推动，我们就可以更为接近地建模特定的图像。另外，我们希望它们的值尽可能地接近 0 和 1，这就是变分损失的来源。

换句话说，我们希望减少两个概率分布 $N(0,1)$ 和 $N(\mu(I),\sigma(I))$ 之间的差异。衡量两种分布间差异的标准方法是 Kullback-Leibler 散度（KL 散度）。

$$D_{KL}(P \parallel Q) = \sum_i P(i) \log \frac{P(i)}{Q(i)} \tag{7.8}$$

例如，如果对于所有 i 来说，$P(i) = Q(i)$，那么两者的比值总是 1，而且 $\log 1 = 0$。因此，我们现在可以将 VAE 的目标描述为最小化图像损失，同时最小化 $D_{KL}(N(\mu(I),\sigma(I)) \parallel N(0,1))$。幸运的是，有一个闭合形式的解可以最小化后者，而且再加上一些代数知识（以及一两个聪明的想法），就可以得出上述的变分损失函数。

7.4 生成式对抗网络

生成式对抗网络（Generative Adversarial Network，简称 GAN）是一种无监督神经网络模型，它通过设置两个相互竞争的神经网络模型来工作。在 Mnist 场景中，第一个网络（称为生成器，generator）将从头生成一个 Mnist 数字。第二个网络是判别器，它接受生成器的输出或一个实际的 Mnist 数字样本。判别器的输出是对输入来自真实样本而不是由生成器生成的概率的估值。判别器的决策从相反的两个方面作为两个模型的误差信号，即，如果判别器以高概率输出正确的决定，那意味着生成器有一个巨大的误差（因为它没能迷惑这个判别器），而如果判别器被欺骗了得出错误决定，则判别器的损失会很大。

GAN 与通用 AE 一样，也可以用于学习无标签输入数据的结构。此外，GAN 与 VAE 一样可以生成类的新变体，较为典型的是图像，但原则上几乎可以生成任何类别的事物。GAN 是深度学习中的一个热门话题，因为在某种意义上，它是一个通用的损失函数。对于任意集合的图片、文本、规划决策，只要有数据，那这些就都可以用于无监督 GAN 学习，且使用相同的基本损失函数。

GAN 的基本架构如图 7.11 所示。为了理解它是如何工作的，我们举一个简单的例子：向判别器输入两个数字，一次一个。第一个数字是"真实"数据，由正态分布根据均值和标准差产生，假设使用的均值为 5，标准差为 1，那么生成的"真实"数字大多在 3 到 7 之间。第二个数字是"伪"数，由生成器生成，生成器是一个单层神经网络。（在本节中，"真实"数字的反义词是伪数，而不是复数。）生成器的输入是一个随机数，−8 和 +8 之间的每个数字都有相同的概率。为了欺骗判别器，生成器必须学习修改随机数，使它在 3 和 7 之间出现。最初，生成器神经网络的参数接近于零，因此实际上，它的输出大多是接近于零的数字。

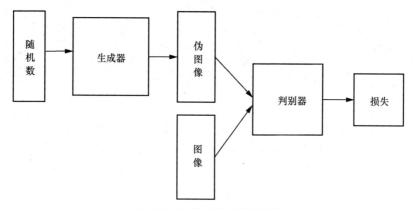

图 7.11　生成式对抗网络的结构

实现 GAN 的代码可以练习我们到目前为止还没有涉及的 TF 的几个方面。我们在图 7.12 中给出了简单 GAN 的完整代码，并且对代码的每一小段都进行了编号，以供参考。

首先看第 7 部分，此处是训练 GAN 的代码。我们在主训练循环设置 5,001 次迭代。我们要做的第一件事是生成一个真实数据——一个接近 5 的随机数，和一个介于 8 和 +8 之间的随机数馈入生成器。然后我们先后更新判别器和生成器。最后，每 500 次迭代我们打印输出跟踪数据。

```
bSz, hSz, numStps, logEvery, genRange = 8, 4, 5000, 500, 8

1 def log(x): return tf.log(tf.maximum(x, 1e-5))

2 with tf.variable_scope('GEN'):
    gIn = tf.placeholder(tf.float32, shape=(bSz, 1))
    g0=layers.fully_connected(gIn, hSz, tf.nn.softplus)
    G=layers.fully_connected(g0,1,None)
gParams =tf.trainable_variables()

3 def discriminator(input):
    h0 = layers.fully_connected(input, hSz*2,tf.nn.relu)
    h1=layers.fully_connected(h0,hSz*2, tf.nn.relu)
    h2=layers.fully_connected(h1,hSz*2, tf.nn.relu)
    h3=layers.fully_connected(h2,1, tf.sigmoid)
    return h3

4 dIn = tf.placeholder(tf.float32, shape=(bSz, 1))
with tf.variable_scope('DIS'):
    D1 = discriminator(dIn)
with tf.variable_scope('DIS', reuse=True):
    D2 = discriminator(G)
dParams = [v for v in tf.trainable_variables()
                if v.name.startswith('DIS')]

5 gLoss=tf.reduce_mean(-log(D2))
dLoss=0.5*tf.reduce_mean(-log(D1) -log(1-D2))
gTrain=tf.train.AdamOptimizer(.001).minimize(gLoss, var_list=gParams)
dTrain=tf.train.AdamOptimizer(.001).minimize(dLoss, var_list=dParams)

6 sess = tf.Session()
sess.run(tf.global_variables_initializer())

7 gmus,gstds=[],[]
for i in range(numStps+1):
    real=np.random.normal(5, 0.5, (bSz,1))
    fakeRnd= np.random.uniform(-genRange,genRange,(bSz,1))
    #update discriminator
    lossd,gout,_ = sess.run([dLoss,G,dTrain],{gIn:fakeRnd, dIn:real})
    gmus.append(np.mean(gout))
    gstds.append(np.std(gout))
    # update generator
    fakeRnd= np.random.uniform(-genRange,genRange,(bSz,1))
    lossg, _ = sess.run([gLoss, gTrain], {gIn:fakeRnd})
    if i % logEvery == 0:
        frm=np.max(i-5,0)
        cmu=np.mean(gmus[frm:(i+1)])
        cstd=np.mean(gstds[frm:(i+1)])
        print('{}:\t{:.3f}\t{:.3f}\t{:.3f}\t{:.3f}'.
            format(i, lossd, lossg, cmu, cstd))
```

图 7.12　学习正态分布均值的 GAN

稍后我们会回到这个代码部分，但是现在我们要先从高层次上思考这是如何工作的。我们想让判别器输出一个数字(o)，这个数字应该是输入数字来自真实分布的概率。简单浏览一下代码的第 3 部分，在执行函数 discriminator 时，它建立了一个四层全连接的前馈神经网络。前三层使用 relu 激活函数，最后一层使用 sigmoid 函数。由于 sigmoid 输出的数字介于 0 和 1 之间，如前所述，它很适合生成作为概率（输入来自真实分布的概率）的数字。更具体地说，判别器的输出被解释为输入是一个类（真实输入类）的成员的概率。这决定了我们对损失函数的选择——使用交叉熵损失。

当向判别器输入真实正态分布产生的数字——分布为（n_r）时，损失是判别器神经网络输出（o_r）的负对数。当向判别器输入生成的伪数时，损失为 $\ln(1-o_f)$。请注意，在图 7.12 第 7 部分的训练循环中，我们首先创建一些真实数字，然后再创建一些随机数馈入生成器。在"更新判别器"（update discriminator）的注释之后，我们通过向 Adam 优化器提供两者计算得到的损失来实现更新。判别器损失函数 L_d 为

$$L_d = \frac{1}{2}(-\ln(o_r) - \ln(1-o_f)) \tag{7.9}$$

如果你看到第 5 部分，你会发现这里列出了损失和训练代码，并且其中的判别器损失定义与式（7.9）相同。这里的 o_r 是判别器相信真实输入的确是真实的程度。损失函数还包括一个项，该项根据判别器认为伪（生成器生成的）数字是真实的程度（o_f）进行惩罚。

因此，设想第一个训练样本可能会发生的情况。我们已经注意到，生成器输出的值接近于 0，比如 0.01。正态分布得出的实际样本是 3.8。但是，由于判别器的参数初始化后接近于 0，所以 o_r 和 o_f 都接近于 0。最初 L_d 会被 $-\ln(o_r)$ 项所控制，当 o_r 趋于 0 时，L_d 趋于正无穷，但是程序很快就学会了不要将概率设置为过于接近 0。

更重要的是损失的导数如何影响判别器的参数。回顾第 1 章的单层网络，我们发现权重参数的导数与所讨论权重对应的输入成正比（式（1.22））。如果我们检查这个公式，会发现当给判别器输入真实样本时，权重会以与样本值成比例的值上升（例如 3.8）。相反，当我们使用生成器的伪数进行训练时，相同的权重则会下降，但仅下降 0.01，所以判别器在更新时会略微倾向于这个方向：更大的输入值是真实值。

接下来，我们看看程序应该如何为生成器的性能打分。生成器希望欺骗判别器，即，当判别器得到生成器的输出时，生成器想让判别器认为它接收的是真实的，而不是伪数。所以生成器损失函数 L_g 应该是

$$L_g = -\ln(o_f) \tag{7.10}$$

读者可以验证 GAN 代码第 5 部分的第 1 行正是按照此公式定义了生成器的损失。

总结一下我们到目前为止所讲的内容：第 7 部分的主训练循环，首先它通过给出一些真实数字和一些伪数来训练判别器，并且使用了一个损失函数，这个函数会惩罚两个方向的错误——真数被判断为伪数，以及伪数被判断为真数。然后，它会使用一个损失函数训练生成器，该损失函数基于判别器能否正确地识别生成器伪数。

糟糕的是，事情有点复杂。首先，请注意第 4 部分有两个对代码的调用，用于设置判别器。这是因为在 TF 中，你不能将两个不同的源分别馈入单层网络（与之相反，只能将两个张量拼接馈入网络）。所以在某种意义上，我们创造了两个判别器。一个是 "D1"，接收来自正态分布的真实数据，而另一个是 "D2"，接收来自生成器的伪数作为输入。

当然，我们并不是真的想要两个独立的网络。所以为了统一它们，我们强调让两个网络共享相同的参数，从而计算完全相同的函数，并且比起单层网络的版本，也不占用更多的空间。这就是在第 4 部分中调用 tf.variable_scope 的目的。我们第一次使用这个 TF 函数是在第 5 章（见图 5.2），那时，我们需要两个 LSTM 模型，并且要避免命名冲突，所以我们在变量作用域 "enc"（编码器）和 "dec"（解码器）中各定义了一个模型。在第一个模型中，所有定义变量的名称前面都有 "enc"，第二个模型中，变量名称前面有 "dec"。这里我们的担忧恰好相反，我们希望避免使用两个单独的参数集合，所以我们给两个作用域提供了相同的名称，并且在第二次调用时，通过添加 reuse = True 清楚告知 TF 重用相同的变量。

在继续之前，还要处理最后一个复杂的问题。如图 7.12 的第 7 部分所示，在每个训练步骤中首先训练判别器，然后训练生成器。此外，为了训练判别器，我们向 TF 输入两个随机数，一个是真实样本，另一个是要馈入生成器的随机数。然后我们运行生成器来得到一个伪数，判别器将这个数判断为来源于真实分布的概率为 o_f，后者是式（7.9）定义的损失的一部分。然而，在没有任何特殊处理的情况下，在后向传递中，生成器参数也进行了修改，更糟的是，参数修改是以使

判别器的损失更小的方向进行的。如上所述，这不是我们想要的，我们希望生成器的参数改变的效果是使判别器的任务更加困难。因此，当我们在第 5 部分中运行反向传播并更改判别器参数时（参见设置 dTrain 行），我们指示 TF 只更改两组参数中的一组。特别要注意 AdamOptimizer 的命名参数，这个参数告诉优化器（在这个特定的调用中）只修改在列表中的 TF 变量。

关于如何定义参数类 gParams 和 dParams，请参阅图 7.12 的第 2 和第 4 部分的末尾。TF 函数 trainable_variables 返回该点之前定义的 TF 图中所有变量的张量。

7.5 参考文献和补充阅读

神经网络中自编码的起源已经难以探寻了。Goodfellow 等人编写的教材 [GBC16] 引用了 Yann LeCun 的博士论文 [LeC87] 作为该主题最早的参考文献。

在本章提到的主题中，第一个在神经网络社群中获得了独特身份的主题是变分自编码器。这里的标准参考文献是 Diederik Kingma 和 Max Welling 的论文 [KW13]。Felix Mohr 的博客 [Moh17] 也非常有用，我的代码是基于其代码完成的。如果你具备统计学的知识，并且想了解 VAE 背后的数学原理，Carl Doersch 的 VAE 教程会是一个很好的参考文献 [Doe16]。

然而，GAN 的历史脉络非常清晰，它在 Ian Goodfellow 等人的一篇论文 [GPAM+14] 中出现，当时的基本思想已经和当前的形式非常接近了。我从 John Glover 的博客 [Glo16] 中学到了很多，书中 GAN 学习正态分布的代码是基于他的代码完成的，而他对此也表示了赞赏 [Jan16]。

认为 GAN 是"通用"损失函数的观点（7.4 节开头）来自 Phillip Isola 的一次演讲 [Iso]。在这次演讲中他提出了许多有趣的方法来实现视觉处理的无监督学习，特别强调了 GAN 的使用。

7.6 习题

练习 7.1 考虑使用全连接层的下采样。Mnist 数字的边缘通常包围着几排零。AE 通过对图像进行忽略共性的编码而发挥作用，根据我们对此的评论，对于训练后的第一层权重的值，这意味着什么？（所有其他条件相同）

练习 7.2 与练习 7.1 的情况相同，问题是这对输出前最后一层的训练后的权重值意味着什么？

练习 7.3 调用 conv2d_transpose 函数执行图 7.3 所示变换。

练习 7.4 假设 img 是数字 1 到 4 的 2×2 像素数组，显示下面调用 conv2d_transpose 的填充版本，

```
tf.nn.conv2d transpose(img,flts,[1,6,6,1],[1,3,3,1],"SAME")
```

你可以忽视形状的第一个和最后一个元素。

练习 7.5 为什么我们在图 7.12 中将 GAN 训练循环设置为 5,001 次迭代，而不是 5,000 次？（虽然这不重要）

练习 7.6 图 7.12 的 GAN 打印输出生成数据的平均值，该值用于判断 GAN 的准确性，此外，还打印输出生成数据的标准差（我们在上面忽略了该值）。事实上，尽管我们将真实数字的标准差设置为 0.5（指出这是在哪里完成的！），但每 500 次迭代打印输出的实际 σ，在开始时较高，之后迅速下降至 0.5 之下，而且似乎还在下降。解释为什么这个 GAN 模型没有压力去学习正确的 σ，为什么 σ 的实际值低于真实值是合理的。

附录 A
部分习题答案

A.1　第 1 章

练习 1.1　如果 a 是第一个训练样本的数字的值，那么在训练该样本之后，只有 b_a 的值应该增加；对于所有值 $a' \neq a$ 的数字，$b_{a'}$ 应该减少。

练习 1.2　（a）前向传递的 logit 分别为 $(0 \times 0.2) + (1 \times (-0.1)) = -0.1$ 和 $(0 \times (-0.3)) + (1 \times 0.4 \times 1) = 0.4$。为了计算概率，我们首先计算 softmax 分母 $e^{-0.1} + e^{0.4} = 0.90 + 1.49 = 2.39$。所以概率是 $0.9/2.39 = 0.38$ 和 $1.49/2.39 = 0.62$。（b）损失为 $-\ln 0.62 = 0.48$。根据式（1.22），我们可以看出 $\Delta w_{0,0}$ 是包含 $x_0 = 0$ 的项的乘积，所以 $\Delta w_{0,0} = 0$。

练习 1.5　计算矩阵乘法得到

$$\begin{pmatrix} 4 & 7 \\ 8 & 15 \end{pmatrix} \tag{A.1}$$

然后，在矩阵的两行同时加上右侧向量，我们得到

$$\begin{pmatrix} 8 & 12 \\ 12 & 20 \end{pmatrix} \tag{A.2}$$

练习 1.6　平方损失对于 b_j 的导数的计算几乎和交叉熵损失完全一样，除了

$$\frac{\partial L}{\partial l_j} = \frac{\partial}{\partial l_j}(l_j - t_j)^2 = 2(l_j - t_j) \tag{A.3}$$

因为 l_j 作为 b_j 函数的导数是 1，所以公式变为

$$\frac{\partial L}{\partial b_j} = 2(l_j - t_j) \tag{A.4}$$

A.2　第 2 章

练习 2.1　如果我们不指定一个缩减索引，它将被假定为零，在这种情况下，我们将列相加，得到[0, 0, 3.2, 0, 0.9]。

练习 2.2　这个新版本比原来的版本慢很多，因为在主训练循环的每次迭代中，它都会创建一个新的梯度下降优化器，而不是每次都使用同一个优化器。

练习 2.4　当维数不相等的时候是不能计算 `tensordot` 的。我们看到，第一个张量参数形状为[4, 3]，第二个张量参数形状为[2, 4, 4]。如果把它们拼接起来，就得到[4, 3, 2, 4, 4]。由于我们对第一个张量的第 0 个分量和第二个张量的第 1 个分量做点积，它们就消去了，所以就得到结果的形状[3, 2, 4]。

A.3　第 3 章

练习 3.1　（a）一个例子是

–2　1　1
–2　1　1
–2　1　1

（b）满足要求的内核有无数个，将上述示例内核中的数字和任一正数相乘就得到一个例子。

练习 3.5　就语法而言，唯一的区别是[1, 1, 1, 1]的步长，而不是前面的[1, 2, 2, 1]。因此，我们在每个 2×2 图像块上应用 maxpool，而不是隔一个图像块应用 maxpool。当 maxpool 的步长为 1 时，`convOut` 的形状与输入图像相同，而当 maxpool 的步长为 2 时，`convOut` 的高度和宽度上都是输入图像的一半左右。因此，第一个问题的答案是“不相同”。第二个答案也是“否”。因为，例如，如果我们有两块比较小的值彼此紧邻，但被较大值包围，单个像素步长输出将包括这两块中的较大值，而在步长为 2 的输出中，这些值会被邻近像素值“淹没”。最后，第三个答案是“是”，因为第一种情况中的每个下采样的值会在第二种情况中重复出现，但反之则不然。

练习 3.6　（a）我们创建的每个内核形状都为[2, 4, 3]，这意味着每个内核有 24 个变量。因为我们创建了 10 个内核，所以创建了 240 个变量。由于我们应用内核的次数与它的大小/形状无关，所以无论是批大小（100）还是高度/宽度（8/8）对这个答案都没有任何影响。

A.4　第 4 章

练习 4.2　将 E 设置为 0（或 1）的重要区别在于，神经网络永远不会看到实际的输入，而只会看到输入对应的嵌入向量。因此，将所有嵌入设置为相同的值会导致所有单词都相同。很明显，这让我们失去了学习的机会。

练习 4.3　当使用 L2 正则时，计算总损失需要计算模型中所有权重的平方和。计算图的其他地方不需要这个量。例如，要计算总损失相对于 $w_{i,j}$ 的导数，只需要在常规损失的基础上加上 $w_{i,j}$。

练习 4.5　首先，答案是肯定的，它比从均匀分布中选取单词更好。神经网络一元模型学习把更高的概率分配给更常见的单词（例如"the"）。但是，请注意，一元模型没有"输入"，因此不需要嵌入向量或线性单元输入权重。然而，它需要偏置，因为通过修改这些偏置，模型学会了根据词频分配概率。

A.5　第 5 章

练习 5.2　更为复杂的注意力机制使用时间 t 的解码器状态来决定在时间 $t +$ 1 解码时使用的注意力。但是很明显，我们在处理时间 t 之前不知道这个值。在基于时间的反向传播中，我们同时处理窗口中的所有词。而在此处，除了解码器窗口中的第一个位置之外，我们没有计算所需的状态值。因此，本质上来说，我们需要编写一个新的基于时间的反向传播机制。

练习 5.4　（a）我们想要高质量的机器翻译。在某种程度上，另一个损失函数会产生一定的影响，而且可能是让权重向降低翻译性能的方向移动，因此性能下降。（b）但（a）部分只适用于训练数据的情况，它没有提到其他样本上的性能。添加第二个损失函数有助于程序学习更多法语的结构，这将提高它在新样本（测试数据的主体部分）上的性能。

A.6 第 6 章

练习 6.1 值迭代中，一个状态可以得到一个非零值的途径只有：（a）一种方法是通过从该状态（只限状态 14）采取一个行动就获得即时奖励；（b）采取一个行动，从该状态到达一个非零值的状态（状态 10、状态 13 和状态 14）。所以所有其他状态都必须保持零值。对于 $Q(10, l)$、$Q(10, d)$ 和 $Q(10, r)$，状态 10 都有一个最大值 Q。在每种情况下，值都来自于最后到达状态 15，即 $0.33 \times 0.9 \times 0.33 = 0.1$，所以 $V(10) = 0.1$。同理，$V(13) = 0.1$。最后，$V(14)$ 从 $Q(14, d)$ 或 $Q(14, r)$ 中得到它的值。在这两种情况下，计算结果都是 $0.33 \times 0.9 \times 0.1 + 0.33 \times 0.9 \times 0.33 + 0.33 \times 1 = 0.03 + 0.1 + 0.33 = 0.46$。

练习 6.4 我们说过，当计算 REINFORCE 算法中可能的行动时，如果已经保存了它们的概率，就可以计算第二次传递的损失，而不再需要从一个状态开始再计算概率。然而，如果我们不进行状态到行动概率的一系列计算，直接通过保存概率计算损失，那么 TF 的后向传递将无法通过全连接层回溯计算（全连接层从状态计算行动）。因此，这一层（或多层）将不会更新其值，程序也不会学习如何针对状态计算更好的行动建议。

A.7 第 7 章

练习 7.1 要忽略边界的值，显而易见的做法就是将连接第一层和这些像素的值设为 0。设 x 为图像一维版本的像素位置的值，$0 < x < 783$。如果 i, j 在 28×28 图像的像素位置中取值，那么对于所有 x，$x = j + 28i$，$i < 2$ 或 $i > 25$，且 $j < 2$ 或 $j > 25$；对于所有 y，$0 \leq y \leq 256$，有

$$E_1(x, y) = 0$$

练习 7.3

```
tf.nn.conv2d_transpose(smallerI,feat,[1,8,8,1],[1,2,2,1],"SAME")
```

练习 7.5 我们希望在最后一次迭代之后打印输出跟踪值。如果我们将范围设置为 5,000，那么最后一次迭代将是 4,999，并且不会打印输出最后一次迭代的值。

附录 B
参考文献

[BCB14]   Dzmitry Bahdanau, Kyunghyun Cho, and Yoshua Bengio. Neural machine translation by jointly learning to align and translate. *arXiv preprint arXiv:1409.0473*, 2014.

[BCP+88]   Peter Brown, John Cocke, S Della Pietra, V Della Pietra, Frederick Jelinek, Robert Mercer, and Paul Roossin. A statistical approach to language translation. In *Proceedings of the 12th conference on computational linguistics,* pages 71-76. Association for Computational Linguistics, 1988.

[BDVJ03]   Yoshua Bengio, Réjean Ducharme, Pascal Vincent, and Christian Jauvin. A neural probabilistic language model. *Journal of machine learning research*, 3(Feb):1137-1155, 2003.

[Col15]   Chris Colah. Understanding LSTM networks, August 2015.

[Doe16]   Carl Doersch. Tutorial on variational autoencoders. *ArXiv e-prints*, August 2016.

[GB10]   Xavier Glorot and Yoshua Bengio. Understanding the difficulty of training deep feedforward neural networks. In *Proceedings of the thirteenth international conference on artificial intelligence and statistics*, pages 249-256, 2010.

[GBC16]   Ian Goodfellow, Yoshua Bengio, and Aaron Courville. *Deep learning*. MIT Press, 2016.

[Gér17]   Aurélien Géron. *Hands-on machine learning with Scikit-Learn and TensorFlow: concepts, tools, and techniques to build intelligent systems.*

O'Reilly Media, 2017.

[Glo16]　　John Glover. An introduction to generative adversarial networks (with code in tensorflow), 2016.

[GPAM+14]　Ian Goodfellow, Jean Pouget-Abadie, Mehdi Mirza, Bing Xu, David Warde-Farley, Sherjil Ozair, Aaron Courville, and Yoshua Bengio. Generative adversarial nets. In *Advances in neural information processing systems,* pages 2672-2680, 2014.

[HS97]　　Sepp Hochreiter and Jürgen Schmidhuber. Long short-term memory. *Neural computation*, 9(8):1735-1780, 1997.

[Iso]　　　Phillip Isola. Learning to see without a teacher.

[Jan16]　　Eric Jang. Generative adversarial nets in tensorflow (part i), 2016.

[Jul16a]　　Arthur Juliani. Simple reinforcement learning with tensorflow part 0: Q-learning with tables and neural networks, 2016.

[Jul16b]　　Arthur Juliani. Simple reinforcement learning with tensorflow part 2: Policy-based agents, 2016.

[KB13]　　Nal Kalchbrenner and Phil Blunsom. Recurrent continuous translation models. In *EMNLP*, volume 3, page 413, 2013.

[KH09]　　Alex Krizhevsky and Geoffrey Hinton. Learning multiple layers of features from tiny images. *Technical report, University of Toronto*, 2009.

[KLM96]　　Leslie Pack Kaelbling, Michael L Littman, and Andrew W Moore. Reinforcement learning: a survey. *Journal of artificial intelligence research*, 4:237-285, 1996.

[Kri09]　　Alex Krizhevsky. The CIFAR-10 dataset, 2009.

[KSH12]　　Alex Krizhevsky, Ilya Sutskever, and Geoffrey E Hinton. Imagenet classification with deep convolutional neural networks. In *Advances in neural information processing systems,* pages 1097-1105, 2012.

[Kur15]　　Andrey Kurenkov. A "brief" history of neural nets and deep learning, parts 1-4, 2015.

[KW13]   Diederik P Kingma and Max Welling. Auto-encoding variational Bayes. *arXiv preprint arXiv:1312.6114*, 2013.

[LBBH98]   Yann LeCun, Léon Bottou, Yoshua Bengio, and Patrick Haffner. Gradient-based learning applied to document recognition. *Proceedings of the IEEE*, 86(11):2278-2324, 1998.

[LBD+90]   Yann LeCun, Bernhard E Boser, John S Denker, Donnie Henderson, Richard E Howard, Wayne E Hubbard, and Lawrence D Jackel. Handwritten digit recognition with a back-propagation network. In *Advances in neural information processing systems*, pages 396-404, 1990.

[LeC87]   Yann LeCun. *Modèles connexionnistes de l'apprentissage (connectionist learning models)*. PhD thesis, University of Paris,1987.

[MBM+16]   Volodymyr Mnih, Adria Puigdomenech Badia, Mehdi Mirza,Alex Graves, Timothy Lillicrap, Tim Harley, David Silver, and Koray Kavukcuoglu. Asynchronous methods for deep reinforcement learning. In *International conference on machine learning*, pages 1928-1937, 2016.

[Mil15]   Steven Miller. Mind: how to build a neural network (part one), 2015.

[Moh17]   Felix Mohr. Teaching a variational autoencoder (VAE) to draw Mnist characters, 2017.

[MP43]   Warren S McCulloch and Walter Pitts. A logical calculus of the ideas immanent in nervous activity. *Bulletin of mathematical biophysics*, 5(4):115-133, 1943.

[MSC+13]   Tomas Mikolov, Ilya Sutskever, Kai Chen, Greg S Corrado, and Jeff Dean. Distributed representations of words and phrases and their compositionality. In *Advances in neural information processing systems*, pages 3111-3119, 2013.

[Ram17]   Suriyadeepan Ram. Scientia est potentia, December 2017.

[RHW86]   David E Rumelhart, Geoffrey E Hinton, and Ronald J Williams. Learning representations by back-propagating errors. *Nature*, 323 (6088):533, 1986.

[RMG+87]   David E Rumelhart, James L McClelland, PDP Research Group, et al. *Parallel distributed processing*, volume 1,2. MIT Press, 1987.

[Ros58]   Frank Rosenblatt. The perceptron: A probabilistic model for information storage and organization in the brain. *Psychological review*, 65(6):386, 1958.

[Rud16]   Sebastian Ruder. On word embeddings - part 1, 2016.

[SB98]   Richard S Sutton and Andrew G Barto. *Reinforcement learning: An introduction*, volume 1. MIT Press, 1998.

[Ten17a]   Google Tensorflow. Convolutional neural networks, 2017.

[Ten17b]   Google Tensorflow. A guide to TF layers: Building a neural network, 2017.

[TL]   Rui Zhao Thang Luong, Eugene Brevdo. Neural machine translation (seq2seq) tutorial.

[Var17]   Amey Varangaonkar. Top 10 deep learning frameworks, May 2017.

[Wil92]   Ronald J Williams. Simple statistical gradient-following algorithms for connectionist reinforcement learning. *Machine learning*, 8(3-4):229-256, 1992.

附录 C
索引

本书赞誉

本书对原理的阐述简单、清晰，毫不晦涩；对实例的讲解则循序渐进，展示了相关应用领域的最新进展。本书页数不多，但内容不少，可以说是入门深度学习的上佳选择、理论与实战结合的良好典范，绝对值得一读。

——陈光，北京邮电大学模式识别实验室副教授（新浪微博@爱可可-爱生活）

这本书介绍了深度学习领域中最基本的模型，包括 FNN、CNN 和 RNN，并对无监督学习、强化学习等学习算法进行了分析，同时以 CV、NLP 等领域的具体应用为例描述了其中的细节。本书不仅讲解了深度学习的数学和统计学的理论知识，而且从理论知识自然延伸到了编程代码，是本科生和研究生入门深度学习、动手实践非常好的教材。

——郭平，IEEE 高级会员，北京理工大学计算机学院与北京师范大学系统科学学院教授

本书由浅入深地介绍了深度学习领域所需掌握的核心概念、编程框架和主流技术。除了一些基本的理论知识介绍，本书的大多数内容都可以作为一个实用手册，指导读者动手实践。本书融入了作者对深度学习的深入思考，不仅仅告诉读者深度学习是什么，而且会进一步分析为什么深度学习有效。另外本书还介绍了经典的数据预处理方法、参数优化技巧、算法输出的解读等，只有在深度学习领域具有丰富经验的学者才能如此信手拈来、融会贯通。本书既可以作为算法和工程人员的深度学习入门书，也适合希望了解深度学习基本理论知识的非专业人士阅读。

——辛愿，腾讯深海实验室总经理

深度学习领域，不缺少大部头的专著，因此《深度学习导论》这本书才难能可贵。本书不到 200 页，每个章节的篇幅也不大，但是在整书的框架中，对深度学习领域核心的网络模型部分进行了充分的讲解，包括前向网络、卷积网络和循环网络，结合语言模型中的词嵌入和序列到序列学习，还对长短期记忆网络进行了介绍。我认为这是一本不可多得的好书，推荐给大家。

——许杨毅，商汤智慧城市事业群产品总监，前京东云高级总监，
UCloud 产品市场 VP，百度系统部、新浪业务运维负责人